职业技术教育与培训系列教材

焊　工

培训教程

主　编　李富杰

图书在版编目（CIP）数据

焊工培训教程／李富杰主编．—天津：天津大学出版社，2021.5

职业技术教育与培训系列教材

ISBN 978-7-5618-6922-2

Ⅰ.①焊…　Ⅱ.①李…　Ⅲ.①焊接工艺—中等专业学校—教材　Ⅳ.①TG44

中国版本图书馆CIP数据核字（2021）第083530号

出版发行　天津大学出版社

地　　址　天津市卫津路92号天津大学内（邮编：300072）

电　　话　发行部：022-27403647

网　　址　www.tjupress.com.cn

印　　刷　北京盛通商印快线网络科技有限公司

经　　销　全国各地新华书店

开　　本　184mm×260mm

印　　张　6.75

字　　数　168千

版　　次　2021年5月第1版

印　　次　2021年5月第1次

定　　价　21.00元

亚洲开发银行贷款甘肃白银城市综合发展项目

职业教育与培训子项目短期培训课程课本教材

丛书委员会

主　　任　王东成

副 主 任　崔　政　张志栋

　　　　　王　珹　张鹏程

委　　员　李进刚　雒润平　魏继昌　卜鹏旭

　　　　　孙　强　王一平　刘明民　贾康炜

指导专家　高尚涛

本书编审人员

主　　编　李富杰

副 主 编　路凌杰　王文娟　马志杰

前 言 PREFACE

党的十八大以来，中央将精准扶贫、精准脱贫作为扶贫开发的基本方略，扶贫工作的总体目标是“到 2020 年确保我国现行标准下农村贫困人口实现脱贫，贫困县全部摘帽，解决区域性整体贫困”。新阶段的中国扶贫工作更加注重精准度，扶贫资源与贫困户的需求要准确对接，将贫困家庭和贫困人口作为主要扶持对象，而不能仅仅停留在扶持贫困县和贫困村的层面上。为了更深入地贯彻“精准扶贫”的理念和要求，推动就业创业教育，转变农村劳动力思想意识，激发农村劳动力脱贫内生动力，是扶贫治贫的根本。开展就业创业培训，提升农村劳动力知识技能和综合素养，满足持续发展的经济形势及不断升级的产业岗位需求，是扶贫脱贫的主要途径。

近年来，国家大力提倡在职业教育领域实现《现代职业教育体系建设规划（2014—2020 年）》，规划要求：“大力发展现代农业职业教育。以培养新型职业农民为重点，建立公益性农民培养培训制度。推进农民继续教育工程，创新农学结合模式。”2011 年，甘肃省启动兰州 - 白银经济圈，试图通过整合城市和工业基地推动其经济转型。2018 年，靖远县刘川工业园区正式被国家批准为省级重点工业园区，为推进工业强县战略奠定基础。为了确保白银市作为资源枯竭型城市成功转型，白银市政府实施了亚洲开发银行贷款城市综合发展二期项目。在项目实施中，亚洲开发银行及白银市政府高度重视职业技术教育与培训工作，并作为亚洲开发银行二期项目中的特色，主要依靠职业技能培训为刘川工业园区入驻企业及周边新兴行业培养留得住、用得上的技能型人才，为促进地方经济顺利转型提供技术和人才保证。本次系列教材的组织规划正是响应了国家关于职业教育发展方向的号召，以出版行业为载体，完成完整的就业培训课程体系。

本课程是按照中华人民共和国人力资源和社会保障部制定的《国家职业技能标准》（2018 年版）焊工（职业编码：6 - 18 - 02 - 04）国家职业能力标准五级/初级工的等级标准编写，针对初级电焊工的培训设置的，它是其他专业课的总结提升，同时又相辅相承。通过本课程的学习，主要培养学员的职业岗位基本技能，并为进一步培养学员的职业岗位综合能力奠定坚实基础，使学员掌握气焊、气割、焊条电弧焊、二氧化碳气体保护焊等操作技能，能运用基本技能独立完成本职业简单金属结构的焊接作业，培养具有焊接工艺初步工程设计知识和生产组织管理能力的技能人才。培训完毕，培训对象能够独立上岗，完成简单的常规技术操作工作。在教学过程中，应以专业理论教学为基础，注意职业技能训练，使培训对象掌握必要的专业知识与操作技能，教学注意够用、适度原则。

本书中任务一由李富杰编写，任务二由路凌杰编写，任务三由王文娟和马志杰编写，全书由李富杰统稿和定稿。

本书在编写过程中，得到靖远县职业中等专业学校和陕西琢石教育科技有限责任公司等单位领导、企业专家的大力支持和帮助，在此表示衷心的感谢。

限于编者水平，书中不足之处欢迎培训单位和培训学员在使用过程中提出宝贵意见，以臻完善。

编　者

内容导读

焊接作为制造业的传统基础工艺，在世界经济建设的各个领域发挥着重要作用。如今，焊接技术与现代工业同步飞速发展，促进了人类文明与进步。然而，在焊接过程中会产生有害气体、金属蒸气、烟尘、电弧辐射、高频磁场、噪声和射线等，这些危害因素在一定条件下可能引起爆炸、火灾，从而可能危及设备、厂房和周围人员安全，给国家和企业带来不应有的损失，也可能造成焊工烫伤或引发急性中毒（锰中毒）、血液疾病、电光性眼炎和皮肤病等职业病。因此，我国把焊接、切割作业定为特种作业（见图1）。

国家标准中规定，对从事特种作业的人员，必须进行安全教育和安全技术培训，经考核合格取得操作证者，方准独立作业。所以，焊工在操作时，除应加强个人防护外，还必须严格执行焊接安全规程，掌握安全用电、防火防爆常识，最大限度地避免安全事故。

随着工业和科学技术的发展，焊接技术也在不断进步，焊接已从单一的加工工艺发展成为综合性的先进工艺技术。焊接不仅可以解决各种钢材的连接，而且还可以解决铝、铜等有色金属及钛、锆等特种金属材料的连接。此外，还可对某些非金属材料，如塑料、陶瓷、复合材料等实施连接。因而，焊接技术已广泛应用于机械制造、造船、海洋开发、汽车制造、机车车辆、石油化工、航空航天、原子能、电力、电子技术、建筑、轻工等行业中。

图1　特种行业操作证

在现代工业中，焊接技术已广泛用于航天、航空和船舶、海洋结构物及压力锅炉、化工容器、机械制造等产品的建造。就船舶建造而言，焊接工时要占船体建造总工时的30%～40%，由此可见，焊接作为一种加工工艺方法在制造业中的重要作用。为了实现焊接产品或焊接结构生产的高效率，国内外都在大力开发创新新的焊接技术，焊接技术作为制造中最重要的连接工艺，其技术也在不断发展进步，如电阻点焊、激光技术和使用激光束加工材料、等离子弧焊、粉末等离子弧表面堆焊、焊接电源、机器人和系统等。随着我国工业和科学技术的发展，焊接工艺也在不断进步。为满足国家经济发展的需要，焊接技术需要进一步的提高。

虽然我国的焊接技术已经取得了很大的发展（见图2），但是和世界先进水平相比，仍然存在着一定的差距。从国内外焊接的发展现状以及发展前景来看，海洋焊接、航空航天焊接、机械制造等方面的焊接未来仍是一个待开发的难题，因此值得我们去研究、探讨、创新。我们必须刻苦学习、努力工作，为发展我国的焊接技术贡献自己的力量！

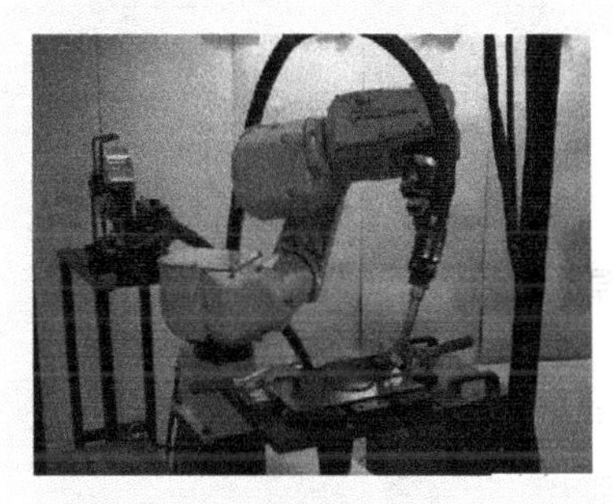

弧焊机器人

弧焊机器人焊车架

点焊机器人焊汽车

图2　焊接机器人示例

目　录 CONTENTS

任务一 气焊与气割

01

气焊（割）是利用可燃气体与助燃气体混合燃烧所释放出的热量，进行金属焊接（切割）的一种工艺方法（见图1-1）。它具有设备简单、不需电源、操作方便、成本低、应用广泛等特点。

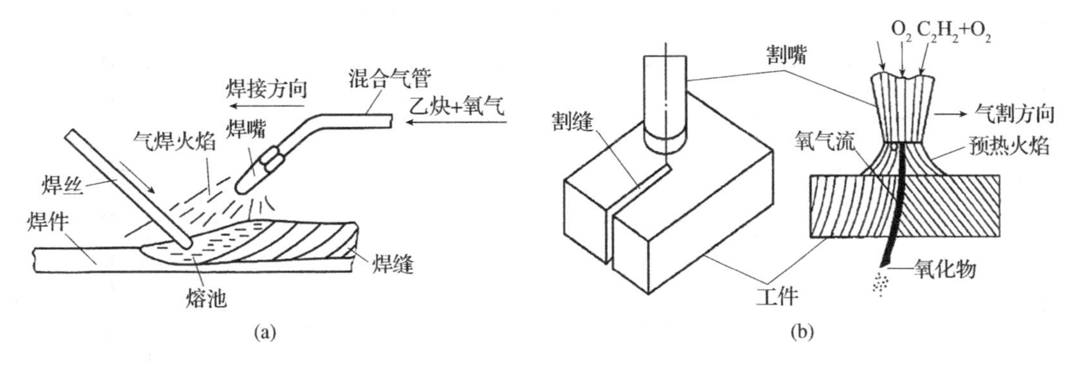

图1-1 气焊与气割原理图

（a）气焊原理图 （b）气割原理图

因此，在现实生产中（见图1-2），气焊技术常用于薄钢板和低熔点材料（有色金属及其合金）、铸铁件、硬质合金刀具等材料的焊接以及磨损零件的补焊等；气割可用于切割不同厚度的钢板，在汽车车身修复作业中，常用于钢板件的切断及挖补。

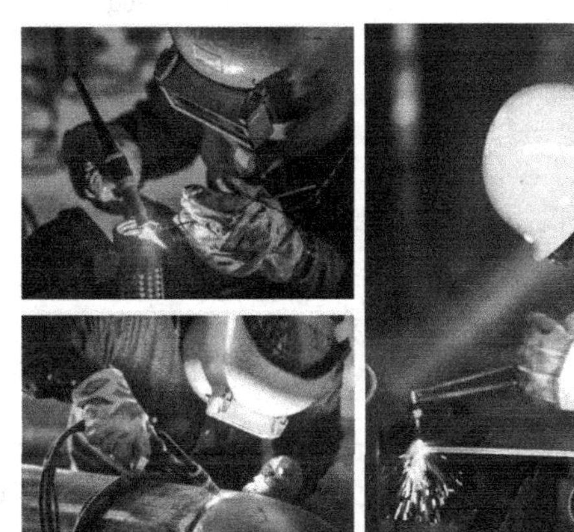

图1-2 气焊与气割

项目一　平敷焊

任务描述

某加工生产车间需要我们在焊缝倾角 0°、焊缝转角 90°的位置上堆敷一条焊道。现已提供焊接加工图纸（见图 1-3），要求使用气焊设备并设置合适的焊接参数，严格按照试件图施工，4 天内完成（一天 8 工时，共 32 工时）。

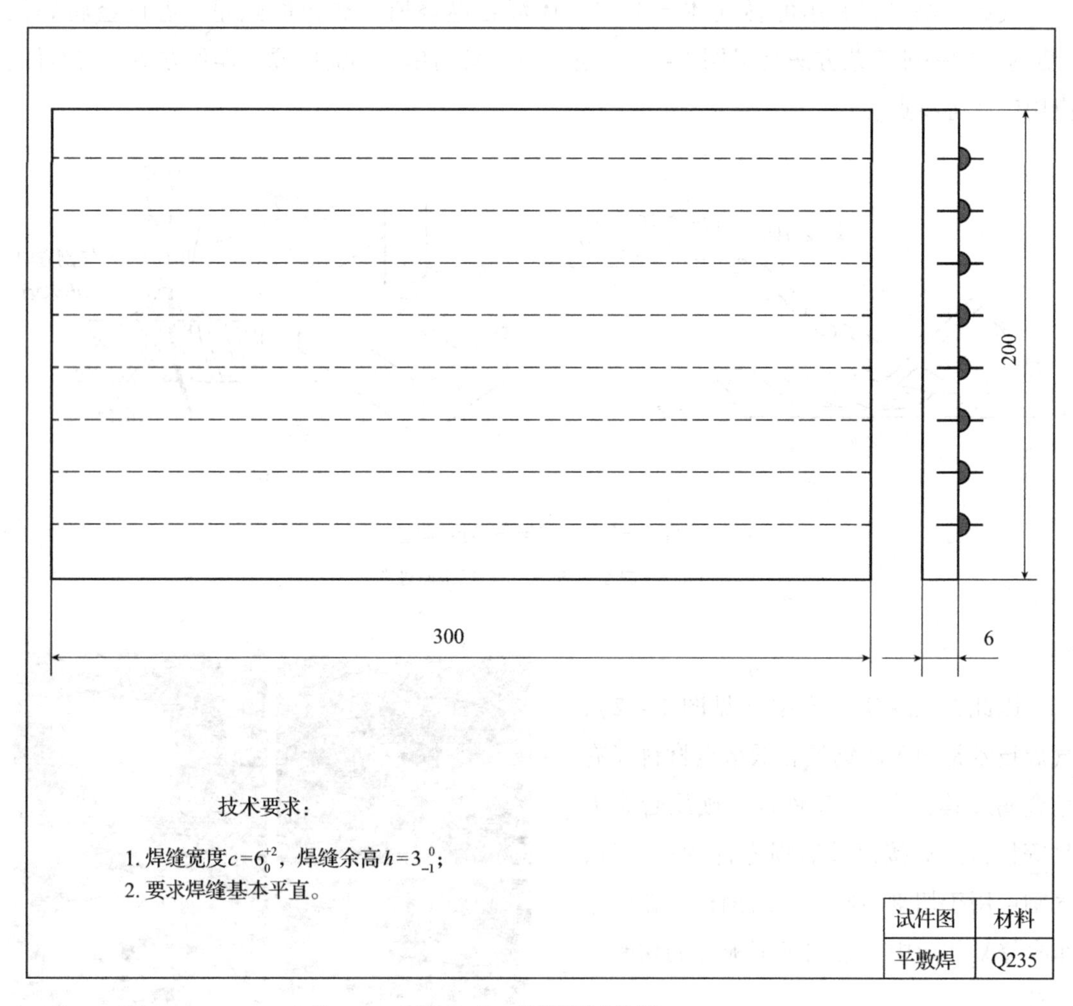

300
200
6
技术要求：
1. 焊缝宽度 $c=6_{0}^{+2}$，焊缝余高 $h=3_{-1}^{0}$；
2. 要求焊缝基本平直。
试件图
材料
平敷焊
Q235

图 1-3　平敷焊试件图

接受任务

平敷焊派工单见表1－1。

表1－1　派工单

工作地点	机械加工车间	工时	32	任务接受人	
派工人		派工时间		完成时间	
技术标准	《机械制造工艺文件完整性》（GB/T 24738—2009）				
工作内容	根据提供的资源，使用气焊设备完成钢板的平敷焊焊接，验收合格后交付给生产部负责人				
其他附件	1. 试件材料：Q235。 2. 试件尺寸：300 mm×200 mm×6 mm。 3. 焊接材料：焊丝牌号H08A，直径3.2 mm或4 mm。 4. 焊接设备及工具：氧气瓶、乙炔瓶、减压器、焊炬、橡胶软管。 5. 辅助器具：护目镜、点火枪、通针、钢丝刷等				
任务要求	1. 工时：32h。 2. 按图加工				
验收结果	操作者自检结果： □ 合格　□ 不合格 签名： 年　月　日			检验员检验结果： □ 合格　□ 不合格 签名： 年　月　日	

任务实施

让我们按下面的步骤进行本项目的实施操作吧！

步骤一 焊前准备

一、焊接劳动保护用品准备

为保护焊工的身体健康和生命安全，我们要加强焊接劳动安全教育，学会正确使用焊接劳动保护用品。

让我们看看在焊接前我们需要准备什么样的保护用品吧！

知识链接

如图1－4所示为焊接操作现场，从中我们可以仔细观察焊工的着装。

(1) 工作服：焊接工作服的种类很多，最常见的是白色棉帆布工作服。白色对弧光有反射作用，棉帆布有隔热、耐磨、不易燃烧和可防止烧伤等作用。焊接与切割作业的工作服不能用一般合成纤维织物制作。

图1－4 焊接操作现场

(2) 焊工防护手套：焊工防护手套一般为牛（猪）革制手套或以棉帆布和皮革合成材料制成，具有绝缘、耐辐射、抗热、耐磨、不易燃烧和防止高温金属飞溅物烫伤等作用。在可能导电的焊接场所工作时，所用手套应经耐压3 000 V实验，合格后方能使用。

(3) 焊工防护鞋：焊工防护鞋应具有绝缘、抗热、不易燃、耐磨损和防滑的性能，焊工防护鞋的橡胶鞋底应经5 000 V耐压实验，合格（不击穿）后方能使用。如在易燃易爆场合焊接，鞋底不应有鞋钉，以免产生摩擦火星。在有积水的地面焊接、切割，焊工应穿经6 000 V耐压实验合格的防水橡胶鞋。

(4) 焊接防护面罩（见图1－5）：焊接防护面罩上有合乎作业条件的滤光镜片，起防止焊接弧光伤害眼睛的作用。镜片颜色以墨绿色和橙色居多。面罩壳体应选用阻燃或不燃的且不刺激皮肤的绝缘材料制成，应能遮住脸部和耳部，且结构牢靠，无漏光，从而起防止弧光辐射和熔融金属飞溅物烫伤面部和颈部的作用。

(5) 焊接护目镜（见图1-6)：气焊、气割的护目镜，主要起滤光和防止金属飞溅物伤害眼睛的作用，应根据焊接、切割工件板的厚度选择。

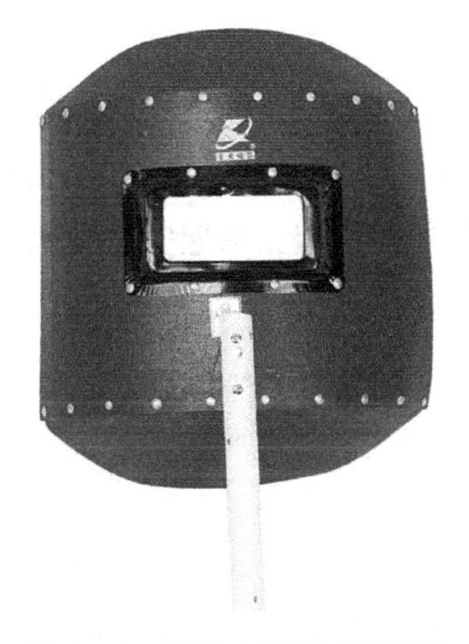

图1-5　手持式焊接防护面罩

图1-6　护目镜

(6) 防尘口罩和防毒面具（见图1-7)：在焊接、切割作业时，应采用整体或局部通风若仍不能使烟尘浓度降低到允许浓度标准以下，必须选用合适的防尘口罩和防毒面具，以过滤或隔离烟尘和有毒气体。

(a)　　(b)

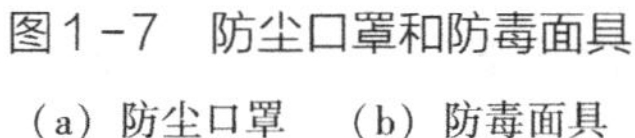

图1-7　防尘口罩和防毒面具

(a) 防尘口罩　(b) 防毒面具

（7）耳塞、耳罩和防噪声盔：国家标准规定工业噪声一般不应超过85分贝，最高不能超过90分贝，为消除和降低噪声，应采取隔声、消声、减振等一系列噪声控制技术。若仍不能将噪声降低到允许标准以下，则应使用耳塞、耳罩或防噪声盔等个人噪声防护用品。

二、焊前安全检查

国家标准《焊接与切割安全》（GB 9448—1999）中规定，对从事特种作业的人员，必须进行安全教育和安全技术培训，经考核合格取得操作证者，方准独立作业。所以，焊工在操作时，除加强个人防护外，还必须严格执行焊接安全规程，掌握安全用电、防火、防爆常识，最大限度地避免安全事故。

知识链接 安全检查都包含什么呢？

一、焊接场地、设备的安全检查

（1）检查焊接与切割作业点的设备、工具、材料是否排列整齐，不得乱堆乱放。

（2）检查焊接场地是否保持必要的通道，且车辆通道宽度不小于3 m，人行道不小于1.5 m。

（3）检查所有气焊胶管、焊接电缆线是否互相缠绕，如有缠绕，必须分开；气瓶用后是否已移出工作场地；在工作场地各种气瓶不得随便摆放。

（4）检查焊工作业面积是否足够，焊工作业面积不应小于4 m^2；地面应干燥；工作场地应有良好的自然采光或局部照明。

（5）检查焊接场地周围10 m范围内，各类可燃易爆物品是否清除干净。如不能清除干净，应采取可靠的安全措施，如用水喷湿或用防火盖板、湿麻袋、石棉布等覆盖。

（6）室内作业应检查通风是否良好。多点焊接作业或与其他工种混合作业时，各工位间应设防护屏。

（7）室外作业现场应检查的内容：登高作业现场是否符合安全要求；在地沟、坑道、检查井、管段或半封闭地段等作业时，应严格检查有无爆炸和中毒危险，应该用仪器（如测爆仪、有毒气体分析仪）进行检查分析，禁止用明火及其他不安全的方法进行检查；对附近敞开的孔洞和地沟，应用石棉板盖严，防止火花溅入。

（8）对焊接、切割场地进行检查时要做到：仔细观察环境，分析各类情况，认真加强防护。为保证安全生产，在下列情况下不得进行焊、割作业。

①施焊人员既没有安全操作证又没有持证焊工现场指导时不能进行焊、割作业。

②凡属于有动火审批手续者，手续不全不得擅自进行焊、割作业。

③焊工不了解焊、割现场周围情况，不能盲目进行焊、割作业。

④焊工不了解焊、割件内部是否安全，未经彻底清洗，不能进行焊、割作业。

⑤对盛装过可燃气体、液体、有毒物质的各种容器，未作清洗，不能进行焊、割作业。

⑥用可燃材料作保温、冷却、隔声、隔热的部位，若火星能飞溅到，在未采取可靠的安全措施之前，不能进行焊、割作业。

⑦有电流、压力的导管、设备、器具等在未断电、泄压时，不能进行焊、割作业。

⑧焊、割部位附近堆放有易燃、易爆物品，在未彻底清理或未采取有效防护措施时，不能进行焊、割作业。

⑨与外部设备相接触的部位，在没有弄清外部设备有无影响或明知存在危险性又未采取切实有效的安全措施时，不能进行焊、割作业。

⑩焊、割场所与附近其他工种有互相抵触时，不能进行焊、割作业。

二、工具、夹具的安全检查

为了保证焊工的安全，在焊接前应对所使用的工具、夹具进行检查。

(1) 电焊钳。焊接前应检查电焊钳与焊接电缆接头处是否牢固。如果两者接触不牢固，焊接时将影响电流的传导，甚至会出现火花。另外，接触不良将使接头处产生较大的接触电阻，造成电焊钳发热、变烫，影响焊工的操作。此外，应检查钳口是否完好，以免影响焊条的夹持。

(2) 防护面罩和护目镜。主要检查防护面罩和护目镜是否遮挡严密，有无漏光的现象。

(3) 角向磨光机。要检查砂轮转动是否正常，有无漏电的现象；砂轮片是否已经紧固牢靠，是否有裂纹、破损；要避免使用过程中砂轮碎片飞出伤人。

(4) 锤子。要检查锤头是否松动，避免在打击中锤头甩出伤人。

(5) 扁铲、錾子。要检查其边缘有无毛刺、裂痕，若有应及时清除，防止使用中碎块飞出伤人。

(6) 夹具。各类夹具，特别是带有螺钉的夹具，要检查其上的螺钉是否转动灵活，若已锈蚀则应除锈，并加以润滑，否则使用中会失去作用。

三、气焊设备及工具准备

所需气焊设备及工具见表1－2。

表1－2 气焊设备及工具

设备名称	图示	使用注意事项
氧气瓶	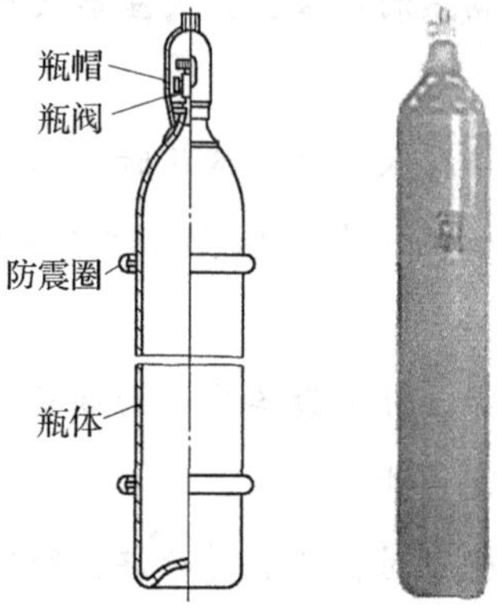 结构图 实物图 图1－8 氧气瓶	氧气瓶是由合金钢经热挤压制成的高压容器，如图1－8所示。氧气瓶的容积为40 L，在15 MPa压力下，可储6 m^3 的氧气，瓶体外表涂成天蓝色，并标注黑色“氧气”字样
氧气减压器	 图1－9 氧气减压器	氧气减压器是将氧气瓶内的高压氧气降为工作时的低压氧气的调节装置，如图1－9所示。氧气的工作压力一般要求为0.1～0.4 MPa
乙炔瓶	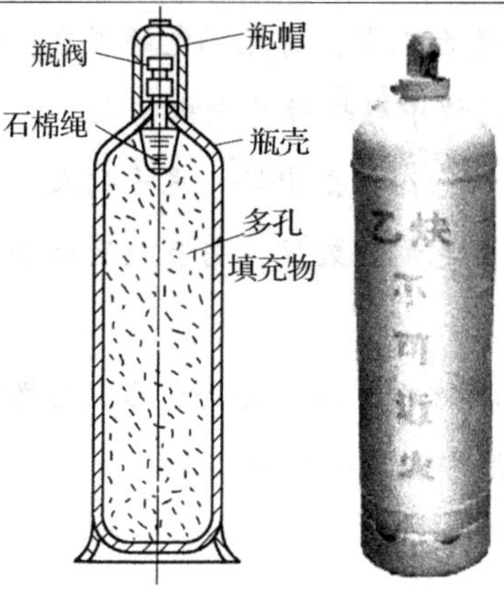 结构图 实物图 图1－10 乙炔瓶	乙炔瓶是由低合金钢板经轧制焊接制成的低压容器，如图1－10所示。瓶体的外表涂成白色，并标注红色“乙炔”字样。瓶内最高压力为1.5 MPa。为使乙炔稳定而安全地储存，瓶内装有浸满丙酮的多孔性填料

（续）

设备名称	图示	使用注意事项
乙炔减压器	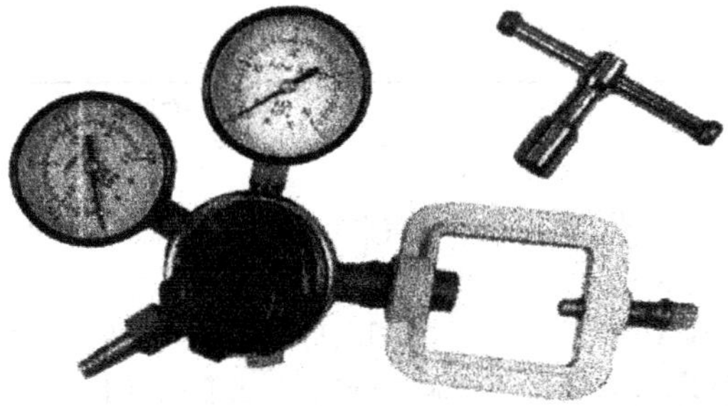 图1－11　乙炔减压器	乙炔减压器是将瓶内具有较高压力的乙炔，降为工作时的低压乙炔的调节装置，如图1－11所示。乙炔的工作压力一般要求为0.01～0.04 MPa。 乙炔瓶阀旁侧设有侧接头，必须使用带有夹环的乙炔减压器
氧气胶管、乙炔胶管	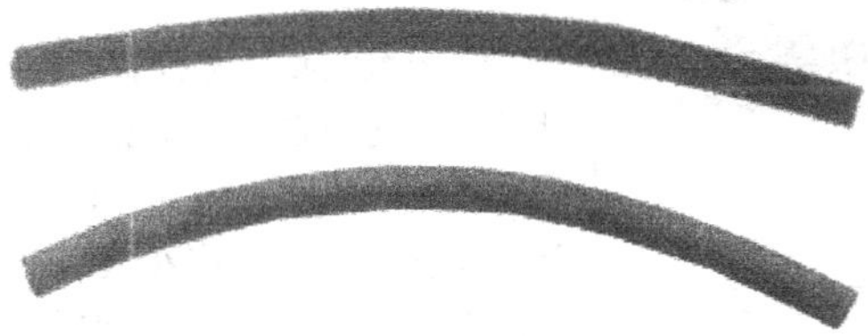 图1－12　氧气胶管、乙炔胶管	根据GB 9448—1999标准规定：气焊中氧气胶管为黑色，内径为8 mm；乙炔胶管为红色，内径为10 mm，如图1－12所示
焊炬	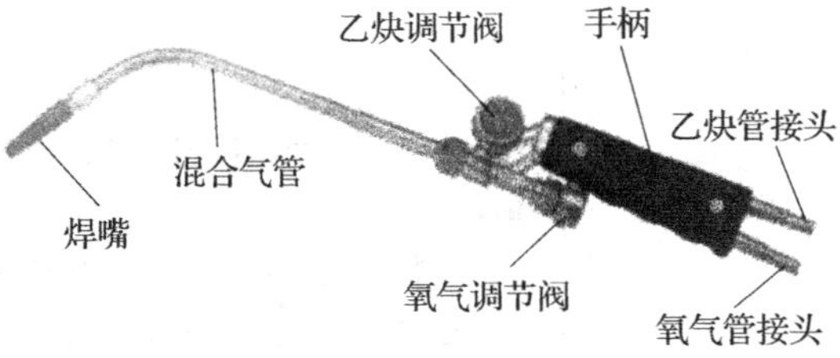 结构图 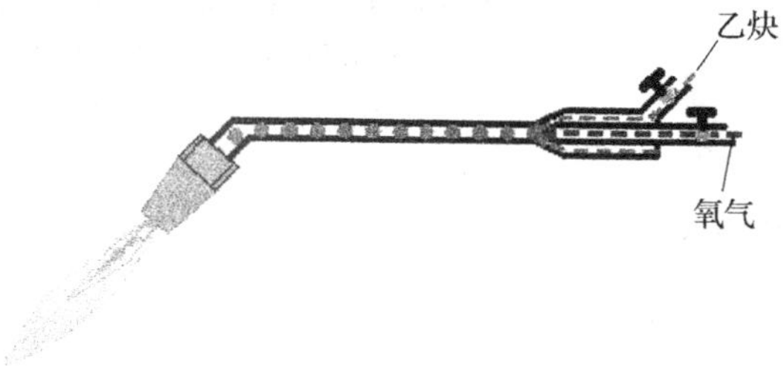 原理图 图1－13　焊炬	焊炬分为射吸式和等压式，现在常用的是射吸式焊炬，如图1－13所示。 工作原理：打开氧气调节阀，氧气即从喷嘴口快速射出，并在喷嘴外围造成负压（吸力），再打开乙炔调节阀，乙炔气体即聚集在喷嘴的外围。由于氧气射流负压的作用，聚集在喷嘴外围的乙炔很快被氧气吸入，并按一定的比例（体积比约为1:1）与氧气混合，再以相当高的流速经过射吸管混合后从焊嘴喷出

四、气焊设备的连接

气焊设备的连接见表1-3。

表1-3　气焊设备的连接

图示	连接操作
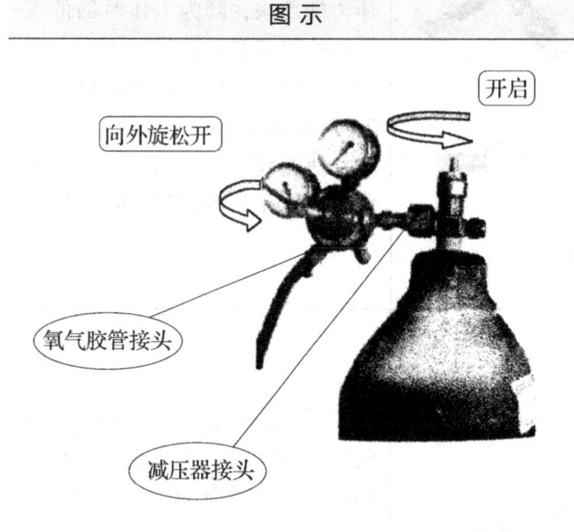 图1-14　氧气瓶、减压器和胶管的连接	氧气瓶、氧气减压器、氧气胶管及焊炬连接操作如下。 首先用活扳手将氧气瓶瓶阀稍打开（逆时针方向为开），吹去瓶阀口上黏附的污物，以免进入氧气减压器中，随后立即关闭。开启瓶阀时，操作者必须站在瓶阀气体喷出方向的侧面并缓慢开启，避免氧气流吹向人体以及易燃气体或火源。 在使用氧气减压器前，应向外旋出调压螺钉，使减压器处于非工作状态。然后将氧气减压器拧在氧气瓶瓶阀上，必须拧足5个螺扣以上，再把氧气胶管的一端接牢在氧气减压器的出气口上（见图1-14），另一端接牢在焊炬的氧气接头上
 图1-15　乙炔瓶、减压器和胶管的连接	乙炔瓶、乙炔减压器、乙炔胶管及焊炬连接操作如下。 乙炔瓶必须直立放置，严禁在地面上卧放。首先将乙炔减压器上的调压螺钉松开，使减压器处于非工作状态，把夹环紧固螺钉松开，将乙炔减压器上的连接管对准乙炔瓶瓶阀进气口并夹紧，再将乙炔胶管的一端与乙炔减压器上的出气口接牢（见图1-15），另一端与焊炬的乙炔接头相连

连接完成后可对照图1-16进行检查。

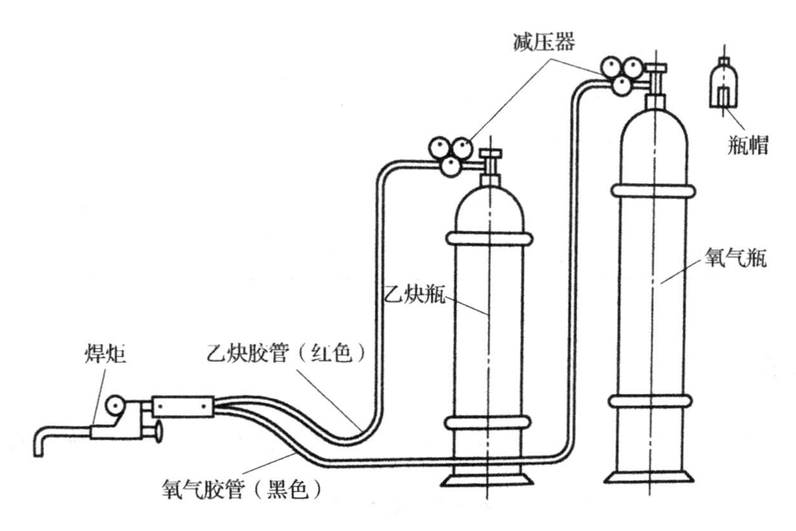

图1-16　气焊设备及工具的连接图

步骤二　焊前清理

焊前应将焊件表面的氧化皮、铁锈、油污、脏物等用钢丝刷、纱布或抛光的方法进行清理，直至露出金属光泽。

步骤三　确定气焊工艺参数

一、调节火焰能率

火焰能率的选择是由焊炬型号和焊嘴代号大小来决定的，每个焊炬都配有1、2、3、4、5五种不同规格的焊嘴，数字大的焊嘴孔径大，火焰能率也就大；反之则小。

二、选择火焰性质

火焰性质主要根据焊件的材质来选择（见表1-4），本次任务选择中性焰进行焊接。

表1-4　各种金属材料气焊时火焰性质的选择

焊件金属	火焰性质	焊件金属	火焰性质
低、中碳钢	中性焰	铝、锡	中性焰或乙炔稍多的中性焰
高碳钢	乙炔稍多的中性焰或轻微的碳化焰	锰钢	轻微氧化焰
低合金钢	中性焰	镍	中性焰或轻微的碳化焰
紫铜	中性焰	铸铁	碳化焰或乙炔稍多的中性焰

（续）

焊件金属	火焰性质	焊件金属	火焰性质
黄铜	氧化焰	镀锌铁板	氧化焰
青铜	中性焰或轻微氧化焰	高速钢	碳化焰或轻微的碳化焰
铝及铝合金	中性焰或乙炔稍多的中性焰	硬质合金	碳化焰或轻微的碳化焰
不锈钢	中性焰或乙炔稍多的中性焰	铬镍钢	中性焰或乙炔稍多的中性焰

知识链接

氧－乙炔焰可分为氧化焰、中性焰、碳化焰三种，其原理和应用范围见表1－5。

表1－5　氧－乙炔焰的原理和应用范围

火焰性质	原理	图示	应用范围
碳化焰	氧与乙炔的混合比小于1.1时燃烧所形成的火焰，如图1－17所示	焰心 内焰（轻微闪动） 外焰 碳化焰示意图 碳化焰实物图 图1－17　碳化焰	轻微碳化焰适用于高碳钢、铸铁、高速钢、硬质合金、蒙乃尔合金、碳化钨和铝青铜等材料的焊接
中性焰	氧与乙炔的混合比为1.1～1.2时燃烧所形成的火焰，如图1－18所示	焰心 内焰 外焰 中性焰示意图 中性焰实物图 图1－18　中性焰	中性焰适用于低碳钢、中碳钢、低合金钢、不锈钢、紫铜、锡青铜及灰铸铁等材料的焊接

（续）

火焰性质	原理	图示	应用范围
氧化焰	氧与乙炔的混合比大于1.2时燃烧所形成的火焰，如图1－19所示	焰心 外焰 氧化焰示意图 氧化焰实物图 图1－19　氧化焰	氧化焰适用于黄铜、锰黄铜、镀锌铁皮等材料的焊接

三、选择焊丝

根据焊件材料化学成分及焊件厚度选择焊丝的牌号和直径，本次任务焊条直径可选择3.2 mm或4 mm，具体见表1－6。

表1－6　焊丝直径与焊件厚度的关系

焊件厚度（mm）	1～2	2～3	3～5	5～10	10～15
焊丝直径（mm）	1～2	2～3	3～4	3～5	4～6

四、选择焊嘴倾斜角

焊嘴倾斜角的大小，主要取决于焊件厚度和材料的熔点及导热性。焊件越厚，导热性越强，熔点越高，焊嘴的倾斜角应越大，使火焰的热量集中；反之，则应采用较小的倾斜角。焊嘴倾斜角与焊件厚度的关系如图1－20所示。

在焊接过程中，焊嘴的倾斜角是不断变化的，如图1－21所示。

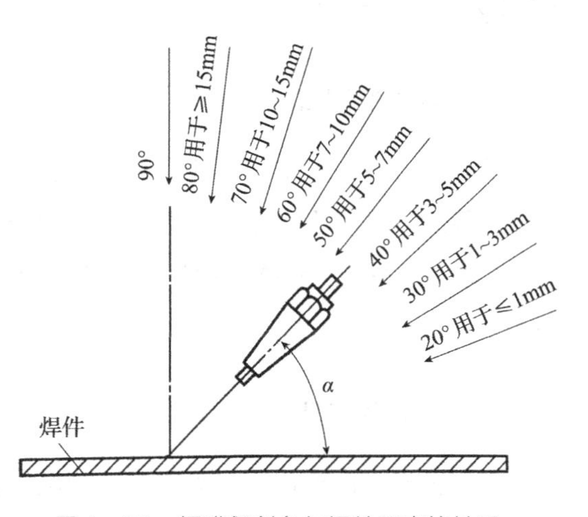

图1－20　焊嘴倾斜角与焊件厚度的关系

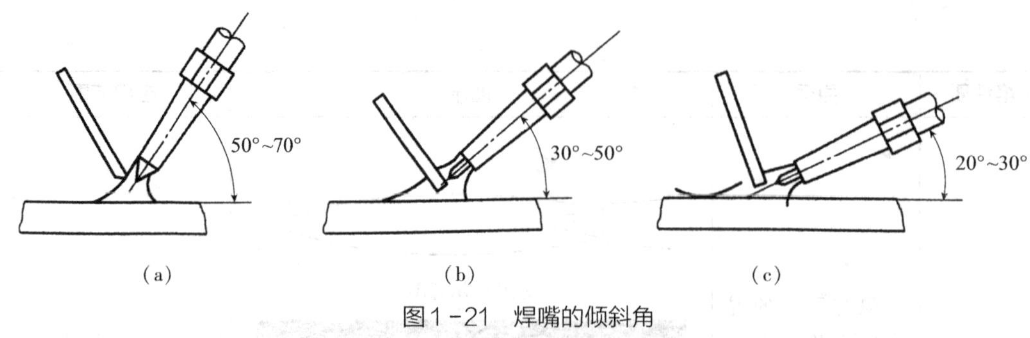

图1-21 焊嘴的倾斜角

(a) 焊前预热 (b) 焊接过程中 (c) 焊接收尾时

五、选择焊丝倾斜角

在气焊中，焊丝的倾斜角一般为30°~40°，焊丝与焊嘴中心线的夹角一般为90°~100°，如图1-22所示。

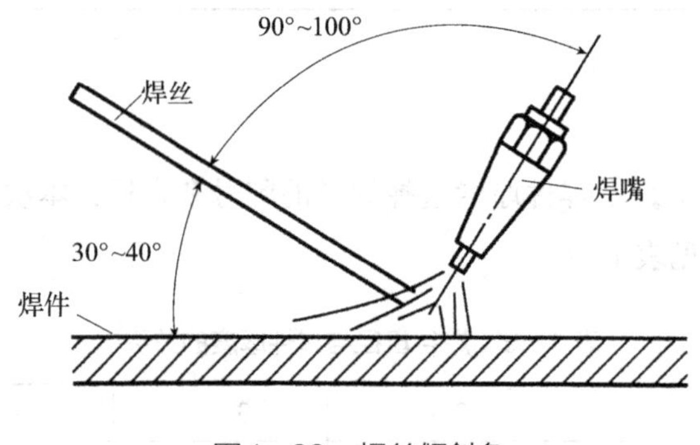

图1-22 焊丝倾斜角

步骤四 焊接过程

一、焊炬的握法

右手的小指、无名指、中指和掌心握着焊炬手柄（也可只用拇指与掌心握着，小指、中指、无名指与焊件接触作为支撑），拇指和食指放于氧气阀侧（用于及时调节氧气流量），左手的拇指、食指、中指控制乙炔阀（在焊接过程中调节火焰大小，左手还用来拿焊丝）。

二、火焰的点燃

先逆时针方向旋转乙炔阀门放出乙炔，再逆时针微开氧气阀门，使焊（割）炬内存在的混合气体从焊（割）嘴喷出，然后将焊嘴靠近火源点火。开始练习时，可能出现不易点燃或连续的“放炮”声，原因是氧气量过大或乙炔不纯，应微关氧气阀门或放出不纯的乙炔后，重新点火。点火时，拿火源的手不要正对焊嘴，也不要将焊嘴指向他人，以防烧伤。

三、火焰的调节

开始点燃的火焰多为碳化焰，如要调成中性焰，应逐渐增加氧气的供给量，直至火焰的内、外焰无明显的界限。如继续增加氧气或减少乙炔，就得到氧化焰；反之，如减少氧气或增加乙炔，可得到碳化焰。调节氧气和乙炔流量大小，还可得到不同的火焰能率。即若先减少氧气，后减少乙炔，可减小火焰能率；若先增加乙炔，后增加氧气，可增大火焰能率。同时，在气焊中，要注意回火现象，并及时处理。具体如图 1－23 所示。

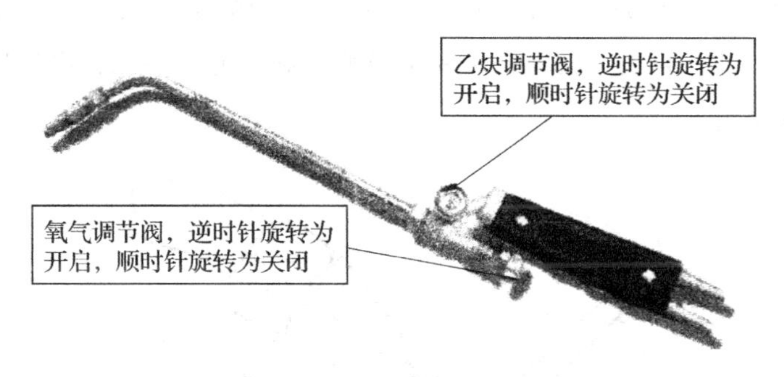

图 1－23　气焊火焰的调节

四、起头

首先将焊嘴的倾斜角放大些，然后对准焊件始端做往复运动，进行预热，如图 1－24 所示。在第一个熔池形成前，仔细观察熔池的形成，并将焊丝端部置于火焰中进行预热。当焊件由红色熔化成白亮而清晰的熔池时，便可熔化焊丝，将焊丝熔滴滴入熔池，随后立即将焊丝抬起，焊嘴向前移动，形成新的熔池，如图 1－25 所示。

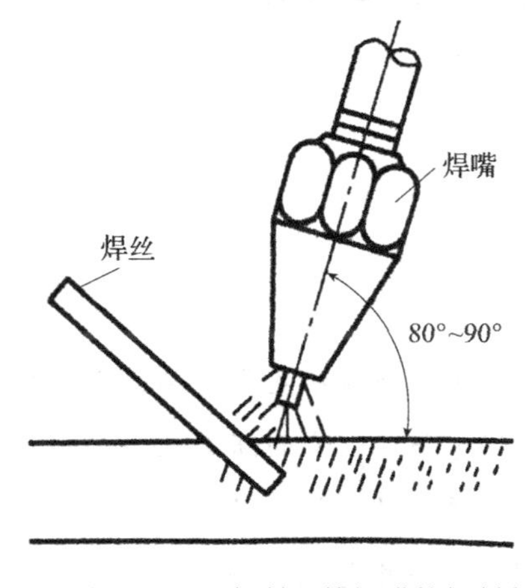

图 1－24　焊前预热焊嘴的倾斜角

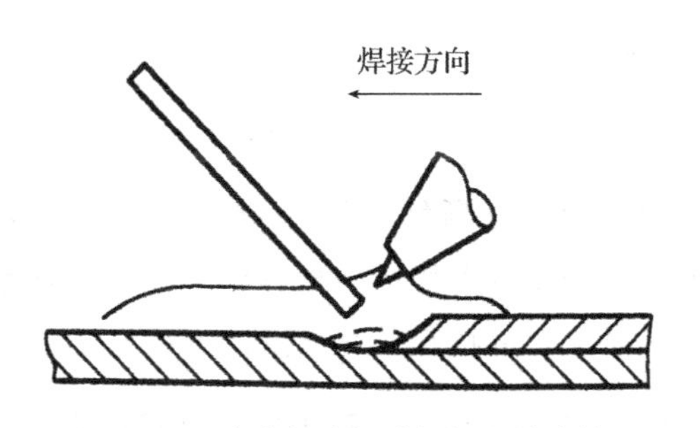

图 1－25　左向焊法焊嘴与焊丝端头位置

五、焊接

在焊接过程中，必须保证火焰为中性焰，否则易出现熔池不清晰、有气泡、火花飞溅或熔池沸腾等现象。同时，控制熔池的大小非常关键，一般可通过改变焊嘴的倾斜角、高度和焊接速度来实现。若发现熔池过小，焊丝与焊件不能充分熔合，应增加焊嘴倾斜角，减慢焊接速度，以增加热量；若发现熔池过大且没有流动金属，表明焊件被烧穿，此时应迅速提起焊炬，或加快焊接速度，减小焊嘴倾斜角，并多加焊丝，再继续施焊。

在焊接过程中，为了获得优质而美观的焊缝，焊嘴与焊丝应保持合适的角度（见图 1－26），并做均匀协调的摆动。摆动既能使焊缝金属熔透、熔匀，又能避免焊缝金属过热和过烧。在焊接某些有色金属时，还要不断地用焊丝搅动熔池，以促使熔池中各种氧化物及有害气体的排出。

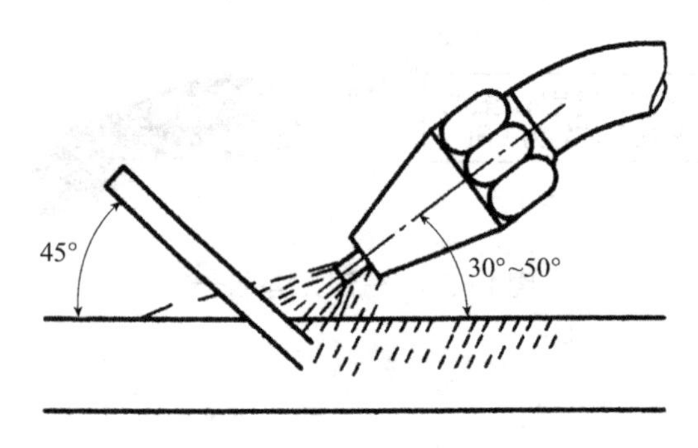

图1－26　焊嘴与焊丝角度

焊嘴和焊丝的摆动方法与摆动幅度，与焊件的厚度、性质、空间位置及焊缝尺寸有关。本项目为薄板的左向焊法，焊嘴和焊丝的摆动方法如图 1－27 所示。

图1－27　焊嘴和焊丝的摆动方法

知识链接

送丝的手法有点送和连续送丝。

（1）点送（断续送丝）：用左手拇指与食指拿着焊丝，将焊丝置于食指第三节指腹上侧与无名指指甲上侧，小指与焊件接触作为支撑，以利于手腕向右的断续点击与移动完成送丝，随着焊丝熔化，要不时地停焊改变拿丝的位置，便于操作与掌握。

（2）连续送丝：用左手拇指与食指拿着焊丝，用食指与中指的第一节指腹与小指的指背夹着焊丝，通过拇指与食指的配合连续不断地向熔池中送焊丝这种方法。比较难掌握，操作比较难，但熟练后有利于提高焊接速度与效率。

六、接头

在焊接中途停顿后又继续施焊时，应用火焰将原熔池重新加热熔化，形成新的熔池后再加焊丝。重新开始焊接时，每次续焊应与前一焊道重叠 5 ~ 10 mm，重叠焊道可不加焊丝或少加焊丝，以保证焊缝高度合适及均匀光滑过渡。

七、收尾

当焊到焊件的终点时，要减小焊嘴的倾斜角，增加焊接速度，并多加一些焊丝，避免熔池扩大，防止烧穿，如图 1 –28 所示。同时，应用温度较低的外焰保护熔池，直至熔池填满，火焰才能缓慢离开熔池。

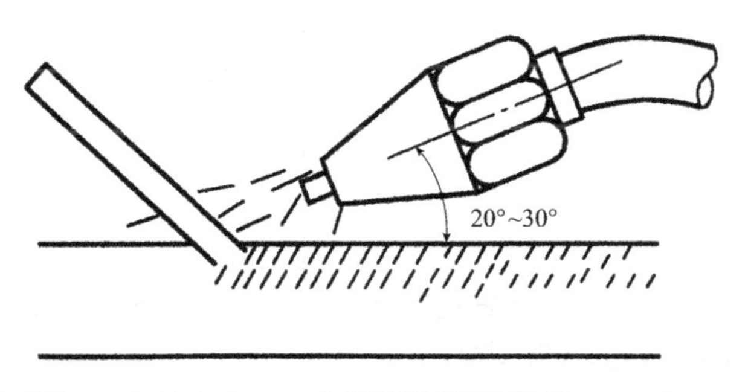

图1 –28　收尾时焊嘴的倾斜角

步骤五　焊后检查

（1）焊缝的起头和连接处平滑过渡，无局部过高现象，收尾处弧坑填满。

（2）焊缝表面焊波均匀、无明显未熔合和咬边，其咬边深度≤0. 5 mm 为合格。

（3）焊缝边缘直线度在任意 300 mm 连续焊缝长度内≤3 mm。

（4）试件表面非焊道上不应有引弧痕迹。

验收记录见表 1 –7。

表1 –7　验收记录

<table>
<tr><td>项目名称</td><td>气焊平敷焊</td><td>工程类别</td><td>E</td></tr>
<tr><td>钢材型号</td><td>Q235</td><td>焊丝</td><td>H08A</td></tr>
<tr><td>试件规格</td><td>300 mm ×200 mm ×6 mm</td><td>焊条</td><td>Φ3. 2 mm 或 4 mm</td></tr>
</table>

（续）

<table>
<tr><td rowspan="2">检查记录</td><td>接头清理</td><td>焊缝成型</td><td>表露缺陷</td><td>缺陷处理情况</td><td>焊工签字</td><td>检查日期</td></tr>
<tr><td></td><td></td><td></td><td></td><td></td><td></td></tr>
<tr><td>检查结论</td><td colspan="3">自检确认意见：

上述焊缝表面观感检查已完成，焊缝表面无气孔、夹渣、裂纹、未熔合，表面质量符合要求。

班（组）长：

年 月 日</td><td colspan="3">施工作业单位复查意见：

经复查，上述焊缝表面质量符合焊接质量验收要求。

二级质检员：

年 月 日</td></tr>
</table>

注：本表仅作为表面质量观感检查用，“接头清理”和“焊缝成型”符合要求时，以“√”表示；如有表露缺陷，缺陷及处理情况应据实填写。

过程考核评价

平敷焊过程考核评价见表 1－8。

表 1－8　平敷焊过程考核评价表

<table>
<tr><td colspan="8">项目一　平敷焊</td></tr>
<tr><td colspan="2">学员姓名</td><td>学号</td><td></td><td>班级</td><td></td><td>日期</td><td></td></tr>
<tr><td>项目</td><td>考核项目</td><td>考核要求</td><td></td><td>配分</td><td>评分标准</td><td></td><td>得分</td></tr>
<tr><td rowspan="2">知识目标</td><td>设备连接和使用</td><td>能正确连接设备及使用工具</td><td></td><td>10</td><td>项目中的设备连接错误、工具使用错误或基本特性错误，一项扣 2 分</td><td></td><td></td></tr>
<tr><td>焊接参数设置</td><td>能根据材料设置合适的焊接参数</td><td></td><td>10</td><td>参数设置不正确扣 5 分</td><td></td><td></td></tr>
</table>

（续）

<table>
<tr><th colspan="6">项目一　平敷焊</th></tr>
<tr><td>学员姓名</td><td colspan="2">学号</td><td>班级</td><td colspan="2">日期</td></tr>
<tr><td>项目</td><td>考核项目</td><td>考核要求</td><td>配分</td><td>评分标准</td><td>得分</td></tr>
<tr><td rowspan="14">能力目标</td><td rowspan="11">焊缝外观检查</td><td>正面焊缝余高 $0\leq h\leq3$ mm</td><td>5</td><td>超差不得分</td><td></td></tr>
<tr><td>背面焊缝余高 $0\leq h\leq2$ mm</td><td>5</td><td>超差不得分</td><td></td></tr>
<tr><td>正面焊缝余高差 $0\leq h_1\leq$ 2 mm</td><td>5</td><td>超差不得分</td><td></td></tr>
<tr><td>正面焊缝每侧比坡口增宽1～3 mm</td><td>5</td><td>超差不得分</td><td></td></tr>
<tr><td>焊缝宽度差 $0\leq c_1\leq3$ mm</td><td>5</td><td>超差不得分</td><td></td></tr>
<tr><td>焊后角变形 $\theta\leq3°$</td><td>5</td><td>超差不得分</td><td></td></tr>
<tr><td>咬边：深度≤0.5 mm
长度≤10 mm</td><td>5</td><td>超差不得分</td><td></td></tr>
<tr><td>无未焊透现象</td><td>5</td><td>出现缺陷不得分</td><td></td></tr>
<tr><td>错边量 ≤1.0 mm</td><td>3</td><td>超差不得分</td><td></td></tr>
<tr><td>无焊瘤、气孔</td><td>3</td><td>出现缺陷不得分</td><td></td></tr>
<tr><td>焊缝表面波纹均匀、成型美观</td><td>3</td><td>根据成型酌情扣分</td><td></td></tr>
<tr><td rowspan="2">弯曲试验</td><td>面弯合格</td><td>3</td><td rowspan="2">不合格不得分</td><td rowspan="2"></td></tr>
<tr><td>背弯合格</td><td>3</td></tr>
<tr><td>时 限</td><td>焊接必须在规定时限内完成</td><td>5</td><td>超时不得分</td><td></td></tr>
<tr><td rowspan="2">方法及社会能力</td><td>过程方法</td><td>1. 学会自主发现、自主探索的学习方法；
2. 学会在学习中反思、总结，调整自己的学习目标，在更高水平上获得发展</td><td>10</td><td>根据工作中反思、创新见解、自主发现、自主探索的学习方法，酌情给5～10分</td><td></td></tr>
<tr><td>社会能力</td><td>小组成员间团结、协作，共同完成工作任务，养成良好的职业素养（工位卫生、工服穿戴等）</td><td>10</td><td>1. 工作服穿戴不全扣3分；
2. 工位卫生情况差扣3分</td><td></td></tr>
<tr><td colspan="2">实训总结</td><td colspan="4">你完成本次工作任务的体会：（学到哪些知识，掌握哪些技能，有哪些收获?）</td></tr>
<tr><td colspan="2">得分</td><td colspan="4"></td></tr>
</table>

工作小结

项目二　厚板气割

任务描述

在加工生产过程中，需要对一批钢板进行切割，加工图纸（见图 1 - 29）已经提供，要求我们按图加工，并保证切口与割件平面垂直，割纹均匀平整，割缝挂渣少且较直，3 天内完成（一天 8 工时，共计 24 工时）。

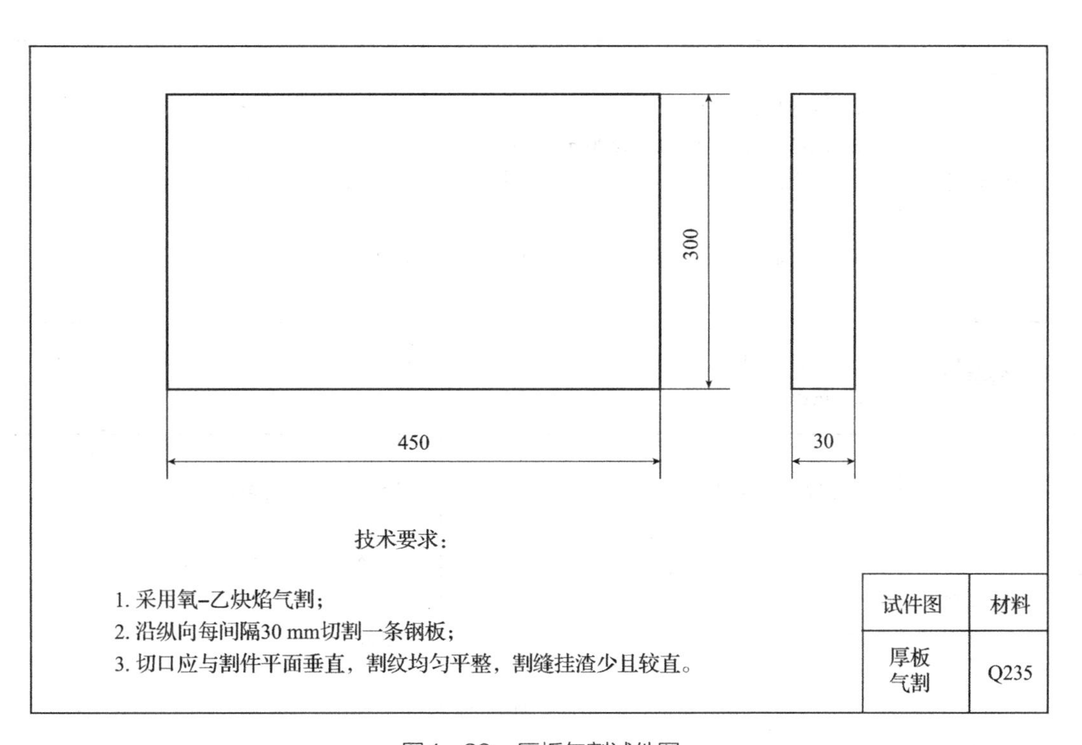

300
450
30
技术要求：
1. 采用氧-乙炔焰气割；
2. 沿纵向每间隔30 mm切割一条钢板；
3. 切口应与割件平面垂直，割纹均匀平整，割缝挂渣少且较直。
试件图
材料
厚板
气割
Q235

图1-29　厚板气割试件图

接受任务

表1－9 派工单

<table>
<tr><td>工作地点</td><td>机械加工车间</td><td>工 时</td><td>24</td><td>任务接受人</td><td></td></tr>
<tr><td>派工人</td><td></td><td>派工时间</td><td></td><td>完成时间</td><td></td></tr>
<tr><td>技术标准</td><td colspan="5">《机械制造工艺文件完整性》(GB/T 24738—2009)</td></tr>
<tr><td>工作内容</td><td colspan="5">根据提供的资源，使用气割设备完成钢板的气割，验收合格后交付给生产部负责人。</td></tr>
<tr><td>其他附件</td><td colspan="5">1. 试件材料：Q235。
2. 试件尺寸：450 mm×300 mm×30 mm。
3. 气割设备及工具：氧气瓶、乙炔瓶、减压器、割炬、3号环形（或梅花形）割嘴、橡胶软管。
4. 辅助器具：护目镜、点火枪、通针、钢丝刷等</td></tr>
<tr><td>任务要求</td><td colspan="5">1. 工时：24h。
2. 按图加工</td></tr>
<tr><td>验收结果</td><td colspan="3">操作者自检结果：
□ 合格 □ 不合格
签名：
年 月 日</td><td colspan="2">检验员检验结果：
□ 合格 □ 不合格
签名：
年 月 日</td></tr>
</table>

任务实施

让我们按下面的步骤进行本项目的实施操作吧！

步骤一　气割前准备

一、气割前劳动保护用品准备

上一个任务中，我们学习了焊工劳动保护用品的种类与作用，想想，在进行气割作业时，所用到的劳动保护用品又有哪些呢？

现在让我们完成表 1－10 的内容吧！

表 1－10　气割作业劳动保护用品

序号	名称	作用	备注
1			
2			
3			
4			
5			
6			
7			
8			

二、作业现场安全检查

作业现场安全检查见表 1－11。

表 1－11　作业现场安全检查表

检查时间			检查地点	
项目负责人			检查人	
序号	检查项目	检查内容		检查结果
1	气割人员及防护	1. 焊接（气割）人员有特殊工种操作证		
		2. 防护眼镜及焊接手套是否佩带、是否完好		
		3. 是否采取防止火星、熔渣溅落灼伤的措施		
		4. 防护服、安全帽、安全带、防护鞋使用是否符合规定，是否完好		
2	氧气瓶	1. 年检日期是否超过规定期限		
		2. 气瓶使用是否已经到达报废年限		
		3. 减压表是否有检验合格标签		
		4. 氧气胶管是否老化、磨损、扎伤、刺孔、裂纹，是否有回火痕迹		
		5. 氧气瓶距离乙炔瓶等易燃气体气瓶、明火、热源是否大于 10 m		
		6. 气瓶瓶身、瓶阀、减压器及管路是否粘有油脂		
3	乙炔瓶	1. 年检日期是否超过规定期限		
		2. 气瓶使用是否已经到达报废年限		
		3. 减压表是否有检验合格标签		
		4. 乙炔胶管是否老化、磨损、扎伤、刺孔、裂纹，是否有回火痕迹		
		5. 乙炔瓶距离氧气瓶等易燃气体气瓶、明火、热源是否大于 10 m		
		6. 乙炔瓶是否安装回火防止器		

三、气割设备及连接方式

气割设备及工具的连接如图 1－30 所示。

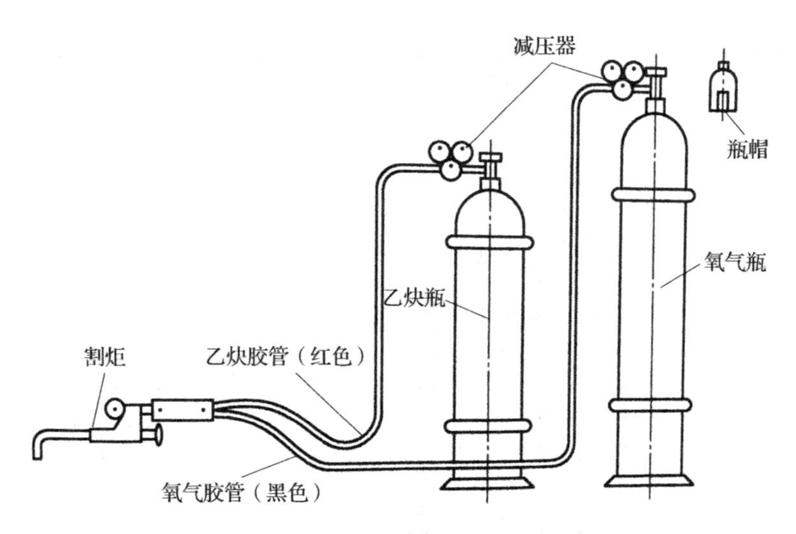

图1－30　气割设备及工具的连接图

根据气割设备及工具连接图，填写并完成表1－12。

表1－12　气割设备及工具

设备名称	图示	使用注意事项
________	瓶帽 瓶阀 防震圈 瓶体 结构图　实物图	________是由合金钢经热挤压制成的高压容器。其容积为________L，在________MPa压力下，可储6 m^3 的氧气，瓶体外表涂成天蓝色，并标注黑色“氧气”字样。
________		________是将氧气瓶内的高压氧气降为工作时的低压氧气的调节装置。氧气的工作压力一般要求为________MPa。

（续）

设备名称	图示	使用注意事项
________	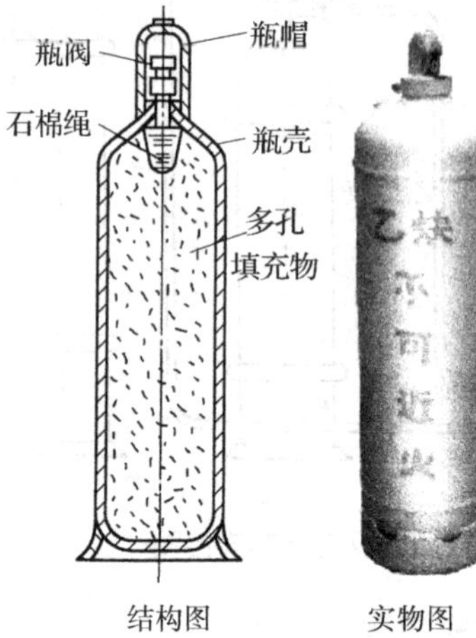 结构图 实物图	________是由低合金钢板经轧制焊接制成的低压容器。瓶体的外表涂成白色，并标注红色“乙炔”字样。瓶内最高压力为________ MPa。
________	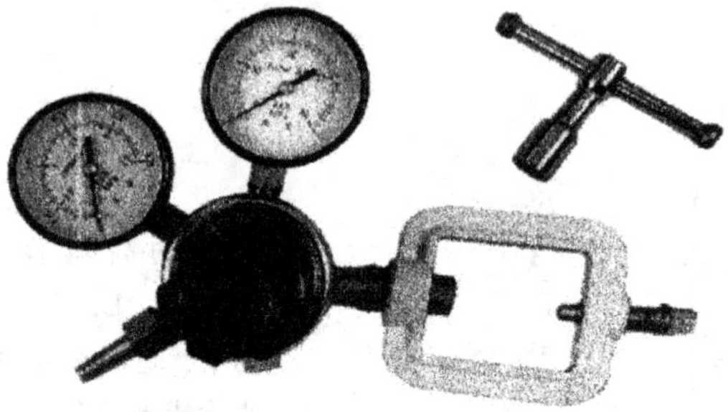	________是将瓶内具有较高压力的乙炔，降为工作时的低压乙炔的调节装置。乙炔的工作压力一般要求为________ MPa。
________	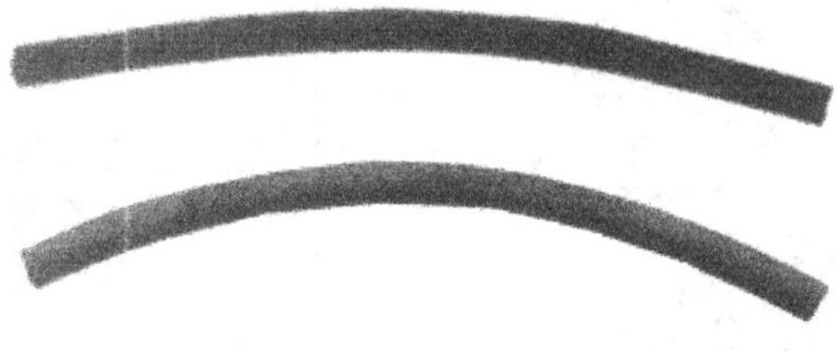	根据 GB 9448—1999 标准规定：气割中氧气胶管为________，内径为 8 mm，乙炔胶管为红色，内径为________ mm。

（续）

设备名称	图示	使用注意事项
割炬	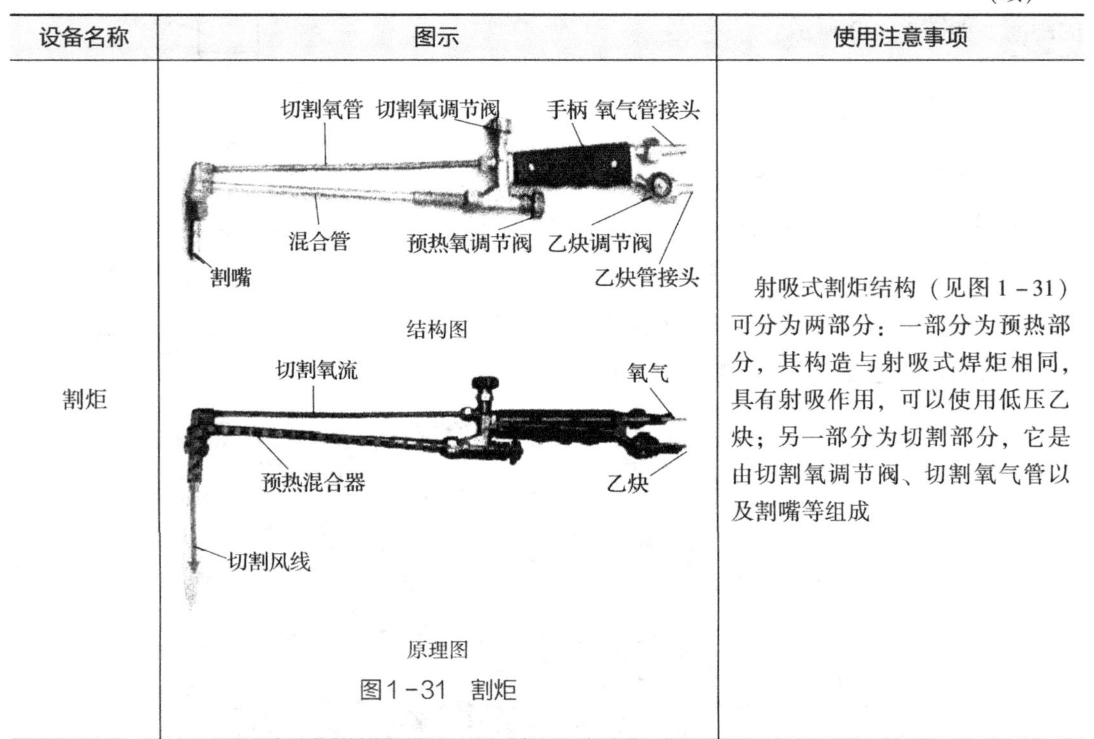 图1-31　割炬	射吸式割炬结构（见图1-31）可分为两部分：一部分为预热部分，其构造与射吸式焊炬相同，具有射吸作用，可以使用低压乙炔；另一部分为切割部分，它是由切割氧调节阀、切割氧气管以及割嘴等组成

步骤二　气割前清理

用钢丝刷等工具将试件表面的铁锈、鳞皮和脏污等仔细清理干净，然后将割件用耐火砖垫空，便于切割。

步骤三　确定气割工艺参数

气割工艺参数主要包括气割氧气压力、切割速度、预热火焰能率、割嘴与割件的倾斜角度、割嘴离割件表面的距离等。

一、气割氧气压力

气割时，氧气的压力与割件的厚度、割嘴代号以及氧气纯度等因素有关。割件越厚，割嘴代号越大，要求氧气的压力越大；反之，割件较薄时，应减小割嘴代号和氧气压力。

二、切割速度

切割速度主要取决于割件的厚度。割件越厚，切割速度越慢，有时还要增加横向摆动。切割速度不能过慢或过快，否则会造成清渣困难或后拖量大。所谓后拖量，是指气割面上的切割氧气流轨迹的始点与终点在水平方向上的距离，如图1－32所示。

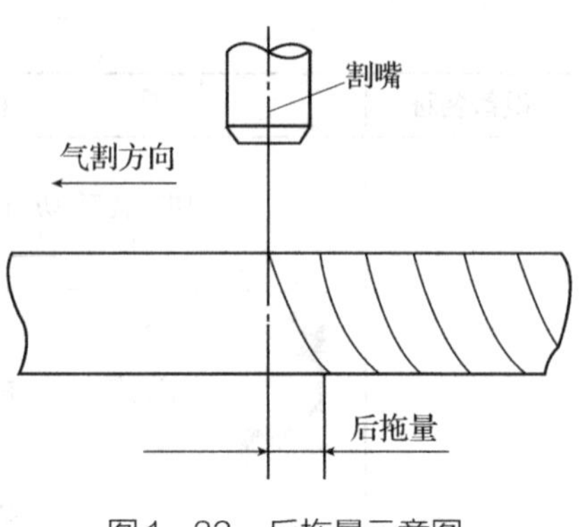

图1－32 后拖量示意图

三、预热火焰能率

预热火焰能率与割件厚度有关。割件越厚，火焰能率越大；反之，则越小。火焰能率选择过大，会使割缝上缘产生连续的珠状钢粒（见图1－33），甚至熔化成圆角，使割缝背面熔渣增多。火焰能率过小，会使切割速度减慢而中断气割工作。

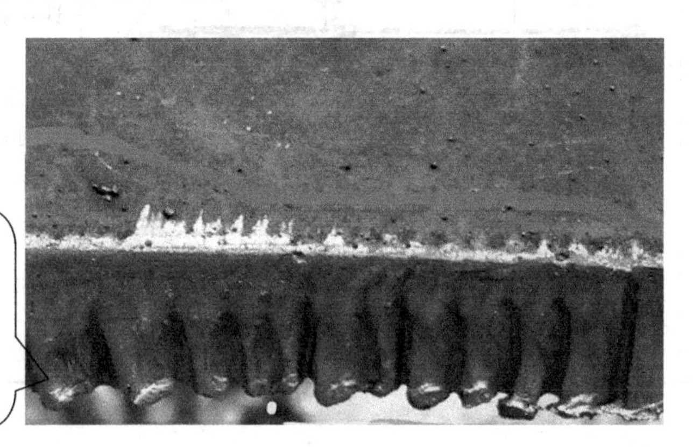

图1－33 气割能率过大

四、割嘴与割件的倾斜角度

割嘴与割件的倾斜角度（见图1－34）的大小主要根据割件的厚度确定，见表1－13。割嘴与割件间的倾角会对切割速度和后拖量产生直接影响，如果倾角选择不当，不但不能提高切割速度，反而会增加氧气的消耗量，甚至造成气割困难。

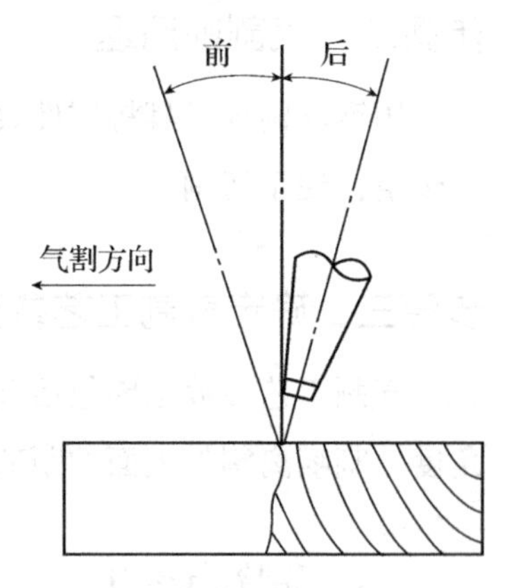

图1－34 割嘴与割件的倾斜角度

表1－13 割嘴与割件间的倾角与割件厚度的关系

割件厚度（mm）	<4	4～20	20～30	>30		
				起割	割穿后	停割
倾角方向	后倾	后倾	垂直	前倾	垂直	后倾
倾角度数	25°～45°	5°～10°	0°	5°～10°	0°	5°～10°

五、割嘴离割件表面的距离

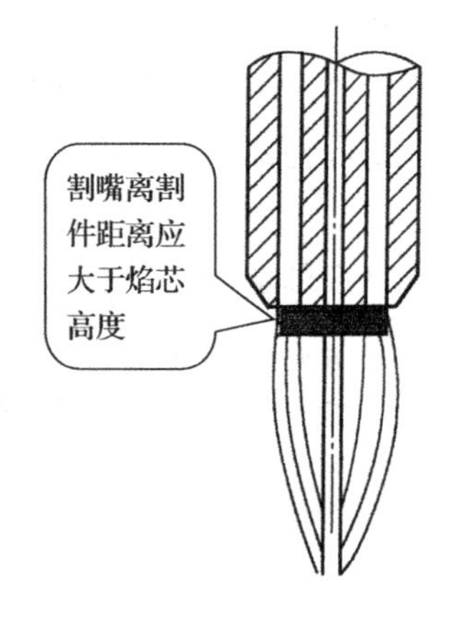

图1-35　割嘴离割件表面的距离示意图

割嘴离割件表面的距离可由割件厚度和预热火焰的长度确定，一般情况下为3～5 mm，如图1-35所示。当割件厚度在20 mm以下时，距离可适当加大，预热火焰可长些。当割件厚度在20 mm以上时，距离要适当减小，预热火焰可短些。

手工气割参数见表1-14。

表1-14　手工气割工艺参数

板材厚度（mm）	割炬				气体压力（MPa）		切割速度（mm/min）
	型号	割嘴			氧气	乙炔	
		号码	切割氧孔直径（mm）	切割氧孔形状			
4.0以下	G01-30	1	0.6	环形	0.3～0.4	0.001～0.12	450～500
4～10	G01-30	1～2	0.6	环形	0.4～0.5	0.001～0.12	400～450
10～25	G01-30	2 3	0.8 1.0	环形	0.5～0.7	0.001～0.12	250～350
25～50	G01-100	3～5	1.0 1.3	环形 梅花形	0.5～0.7	0.001～0.12	180～250
50～100	G01-100	3～5 5～6	1.3 1.6	梅花形	0.5～0.7	0.001～0.12	130～180

步骤四　气割过程

一、点火

点火前，先逆时针方向旋转乙炔调节阀放出乙炔，再逆时针微开氧气调节阀，左手持点火机置于割嘴的后侧，开始点火。点火时手要避开火焰，防止烧伤。

先将火焰调成中性焰或轻微氧化焰，然后打开割炬上的切割氧调节阀，并增大氧气流量，使切割氧流的形状（及风线形状）成为笔直而清晰的圆柱体，并有一定的长度。否则，应关闭割炬上所有的阀门，用通针进行修整或者调整内外嘴的同轴度。将预热火焰和风线调整好，关闭割炬上的切割氧调节阀，准备起割。

注意事项

点火前应先检查割炬的射吸能力。方法是将割炬的氧气胶管与割炬连接，不接乙炔胶管，按顺时针方向打开预热氧调节阀和乙炔调节阀，用左手拇指轻触割炬的乙炔接头，当手指感到有吸力时，则说明割炬射吸性能良好，如果没有吸力，则说明割炬射吸能力不正常，不能使用，如图 1－36 所示。

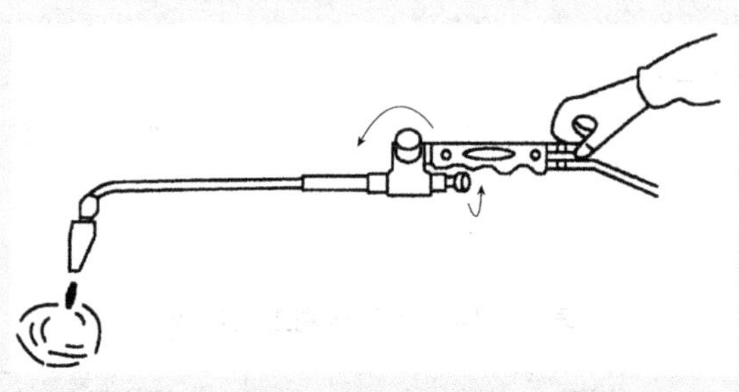

图1－36　割炬射吸性能检查

二、起割

开始切割时，由割件边缘棱角处开始预热，要准确控制割嘴与割件间的垂直度，如图 1－37 所示。待割件边缘呈现亮红色时，割件金属已达到燃烧温度，逐渐增大切割氧压力，并将割嘴稍向气割方向倾斜 5°～10°，如图 1－38 所示。当割件背面飞出鲜红的氧化金属时将火焰局部移出边缘线以外，同时慢慢打开切割氧气阀门。当看到被预热的红点在氧气流中被吹掉时，进一步开大切割氧气阀门，当看到割件背面飞出鲜红的金属氧化渣时，证明割件已被割透，再进一步加大切割氧流，并使割嘴垂直于割件，进入正常气割过程。

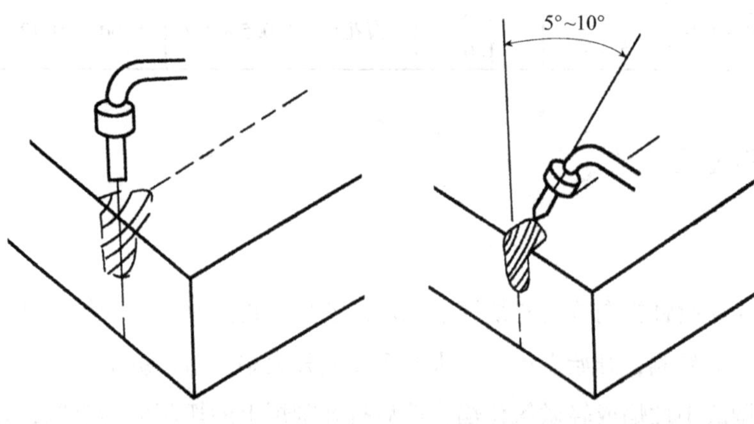

图1－37　预热位置　　图1－38　起割、预热钢板边缘

知识链接

气割作业操作姿势如下。

操作时，双脚成“八”字形蹲在割件的一旁，右臂靠住右小腿外侧，左臂靠住左膝盖，如图1－39（a）所示；或左臂悬空在两脚中间，如图1－39（b）所示。右手握住割炬手柄，用右手拇指和食指靠住手柄下面的预热氧气调节阀，以便随时调节预热火焰，一旦发生回火，就能及时切断氧气。左手拇指和食指把住切割氧气阀开关，其余三指则平稳地托住割炬混合管，双手进行配合，掌握切割方向。进行切割时，上身不要弯得太低，注意呼吸应平稳，眼睛注视割嘴和割线，以保证割缝平直。

（a）

（b）

图1－39　气割操作姿势

（a）左臂靠住左膝盖　（b）左臂悬空在两脚之间

三、气割

起割后，为了保证割缝的质量，在整个气割过程中，割炬调整动速度要均匀，割嘴离割件表面的距离要保持一定。若身体需更换位置，应先关闭切割氧气阀门，待身体的位置移好后，再将割嘴对准待切割处，并适当加热，然后慢慢打开切割氧气阀门，继续向前切割。

在中厚钢板的正常气割过程中，割嘴要始终垂直于割件作横向月牙形或“之”字形摆动，如图1－40所示。割嘴移动速度要慢，并且应连续移动，尽量不中断气割，避免割件温度下降。

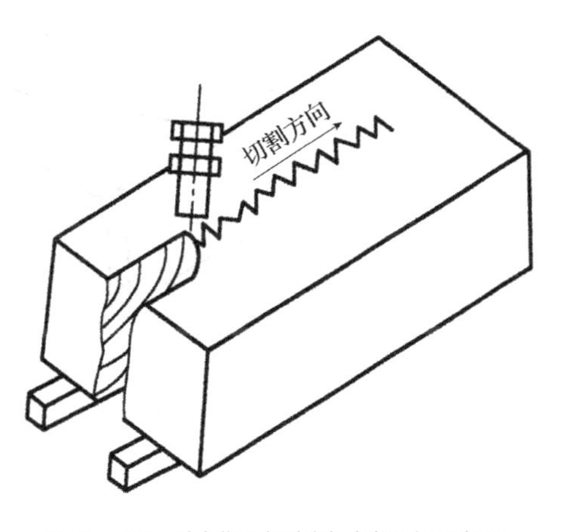

图1－40　割嘴沿切割方向摆动示意图

注意事项

在气割过程中，有时因割嘴过热或氧化铁渣的飞溅，而使割嘴堵塞或乙炔供应不足，出现鸣爆或回火现象。此时，必须迅速关闭预热氧气和切割氧气阀门，切断氧气供给，防止出现回火。如果仍然听到割炬里还有“嘶嘶”的响声，则说明火焰没有完全熄灭，此时应迅速关闭乙炔阀门，或者拔下割炬上的乙炔软管，将回火的火焰排出。以上处理正常后，要重新检查割炬的射吸力，然后才允许重新点燃割炬进行工作。

四、停割

（1）气割过程临近终点时，割嘴应沿气割方向的反方向倾斜5°～10°，将切割速度适当放慢，这样可以减少后拖量，以便钢板的下部提前被割透，使焊缝在收尾处整齐美观。

（2）达到终点时，应迅速关闭切割氧气阀门并将割炬抬起，再关闭乙炔阀门，最后关闭预热阀门，并松开减压器调节螺钉，将氧气放出。

五、结束气割工作

（1）关闭氧气瓶和乙炔瓶阀门。

（2）按照企业6S的标准打扫加工区域，并整理设备、工具。

“6S”
整理(seiri)
整顿(seiton)
清扫(seiso)
清洁(seiketsu)
安全(security)
素养(shitsuke)

步骤五 气割后检查

停割后要仔细检查割缝边沿的挂渣，便于以后的加工，如图1－41所示。

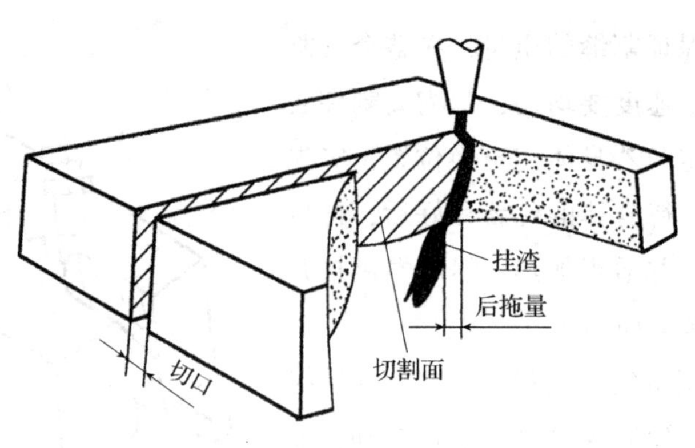

图1－41 割缝检查

验收记录见表 1 – 15。

表 1 –15　验收记录

<table>
<tr><td colspan="2">项目名称</td><td colspan="2">厚板气割</td><td>工程类别</td><td colspan="2">E</td></tr>
<tr><td colspan="2">钢材型号</td><td colspan="2">Q235</td><td>割炬</td><td colspan="2">G01 – 100</td></tr>
<tr><td colspan="2">部件规格</td><td colspan="2">450 mm × 300 mm × 30 mm</td><td>气割氧孔形状</td><td colspan="2">3 号环形</td></tr>
<tr><td rowspan="2">检查记录</td><td>缺陷面积</td><td>垂直度</td><td>直线度</td><td>平面度</td><td>切割工签字</td><td>检查日期</td></tr>
<tr><td></td><td></td><td></td><td></td><td></td><td></td></tr>
<tr><td>检查结论</td><td colspan="3">自检确认意见：
上述切割表面观感检查已完成，切割表面无气孔、夹渣、裂纹、未熔合，表面质量符合要求。
班（组）长：
年　月　日</td><td colspan="3">施工作业单位复查意见：
经复查，上述切割表面质量符合切割质量验收要求。
二级质检员：
年　月　日</td></tr>
</table>

注：本表仅作为表面质量观感检查用，如有缺陷，缺陷及处理情况应据实填写。

过程考核评价

厚板气割过程考核评价见表1－16。

表1－16 厚板气割过程考核评价表

<table>
<tr><td colspan="6">项目二 厚板气割</td></tr>
<tr><td colspan="6">学员姓名　　　　学号　　　　班级　　　　日期</td></tr>
<tr><td>项目</td><td>考核项目</td><td>考核要求</td><td>配分</td><td>评分标准</td><td>得分</td></tr>
<tr><td rowspan="2">知识目标</td><td>设备连接和使用</td><td>能正确连接设备及使用工具</td><td>10</td><td>项目中的设备连接错误、工具使用错误或基本特性错误，一项扣2分</td><td></td></tr>
<tr><td>气割参数设置</td><td>能根据材料设置合适的气割参数</td><td>10</td><td>参数设置不正确扣5分</td><td></td></tr>
<tr><td rowspan="13">能力目标</td><td rowspan="11">气割外观检查</td><td>垂直度 ≤2% · δ</td><td>10</td><td rowspan="3">尺寸超出公差0～0.2的扣2分，超出公差0.2以上的不得分。</td><td rowspan="3"></td></tr>
<tr><td>直线度 ≤0.8</td><td>10</td></tr>
<tr><td>平面度 ≤1% · δ</td><td>10</td></tr>
<tr><td rowspan="4">割伤</td><td rowspan="4">10</td><td>缺陷面积0～3 mm²，不扣分</td><td></td></tr>
<tr><td>缺陷面积5～8 mm²，扣3分</td><td></td></tr>
<tr><td>缺陷面积8～12 mm²，扣3分</td><td></td></tr>
<tr><td>缺陷面积≥12 mm²，不得分</td><td></td></tr>
<tr><td rowspan="4">上边缘熔化</td><td rowspan="4">10</td><td>基本清角塌边宽度≤0.5 mm，不扣分</td><td></td></tr>
<tr><td>上缘有圆角，塌边宽≤1 mm，扣3分</td><td></td></tr>
<tr><td>上缘有明显圆角塌边宽度≤1.5 mm，边缘有熔融金属扣6分</td><td></td></tr>
<tr><td>上缘有圆角，塌边宽度≤2.5 mm，有连续熔融金属不得分</td><td></td></tr>
<tr><td>割渣清理</td><td>挂渣很少，可自动剥离</td><td>5</td><td>不合格不得分</td><td></td></tr>
<tr><td>时 限</td><td>气割必须在规定时限内完成</td><td>5</td><td>超时不得分</td><td></td></tr>
<tr><td>方法及社会能力</td><td>过程方法</td><td>1. 学会自主发现、自主探索的学习方法；
2. 学会在学习中反思、总结，调整自己的学习目标，在更高水平上获得发展</td><td>10</td><td>根据工作中反思、创新见解、自主发现、自主探索的学习方法，酌情给5～10分</td><td></td></tr>
</table>

（续）

<table>
<tr><th colspan="8">项目二　厚板气割</th></tr>
<tr><td colspan="2">学员姓名</td><td></td><td>学号</td><td></td><td>班级</td><td></td><td>日期</td></tr>
<tr><td>项目</td><td>考核项目</td><td colspan="2">考核要求</td><td>配分</td><td colspan="2">评分标准</td><td>得分</td></tr>
<tr><td>方法及社会能力</td><td>社会能力</td><td colspan="2">小组成员间团结、协作，共同完成工作任务，养成良好的职业素养（工位卫生、工服穿戴等）</td><td>10</td><td colspan="2">1. 工作服穿戴不全扣3分；
2. 工位卫生情况差扣3分</td><td></td></tr>
<tr><td colspan="2">实训总结</td><td colspan="6">你完成本次工作任务的体会：（学到哪些知识，掌握哪些技能，有哪些收获?）</td></tr>
<tr><td colspan="2">得分</td><td colspan="6"></td></tr>
</table>

工作小结

任务二

焊条电弧焊

02

电弧焊是指以电弧为热源，利用空气放电的物理现象，将电能转换为焊接所需的热能和机械能，从而达到连接金属的目的。其主要方法有焊条电弧焊、埋弧焊、气体保护焊等，它是应用最广泛、最重要的熔焊方法，占焊接生产总量的60%以上。

焊条电弧焊是工业生产中应用最广泛的焊接方法，它的原理是利用电弧放电（俗称电弧燃烧）所产生的热量将焊条与工件互相熔化并在冷凝后形成焊缝，从而获得牢固的接头，如图2－1所示。

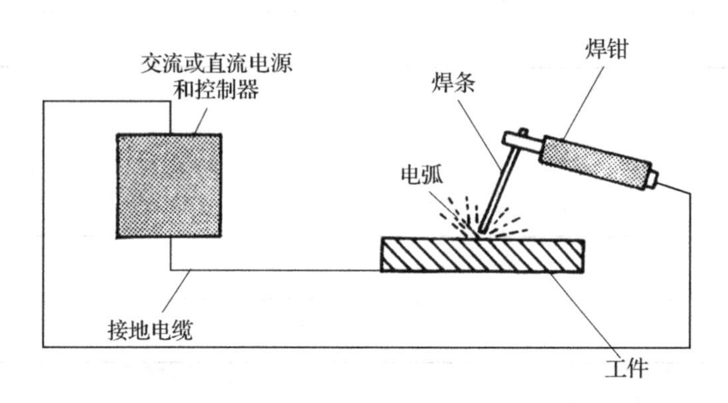

图2－1　焊条电弧焊原理图

焊条电弧焊的设备简单，操作方便、灵活，适用于各种条件下的焊接，特别适用于结构形状复杂、焊缝短小、弯曲或各种空间位置焊缝的焊接，如图2－2所示。

图2－2　焊条电弧焊

项目一 低碳钢板对接平位焊

任务描述

钢板对接平位焊是在桥梁、建筑、机械等行业中广泛应用的钢板拼接技术，这些构件大部分是采用焊条电弧焊方法制作完成。钢板对接平位焊是构件处于水平位置，将构件按照图纸（见图2－3）要求拼接，然后按照一定的工艺进行焊接的方法，焊后经过检测合格，转入下一道工序，4天内完成（一天8工时，共计32工时）。

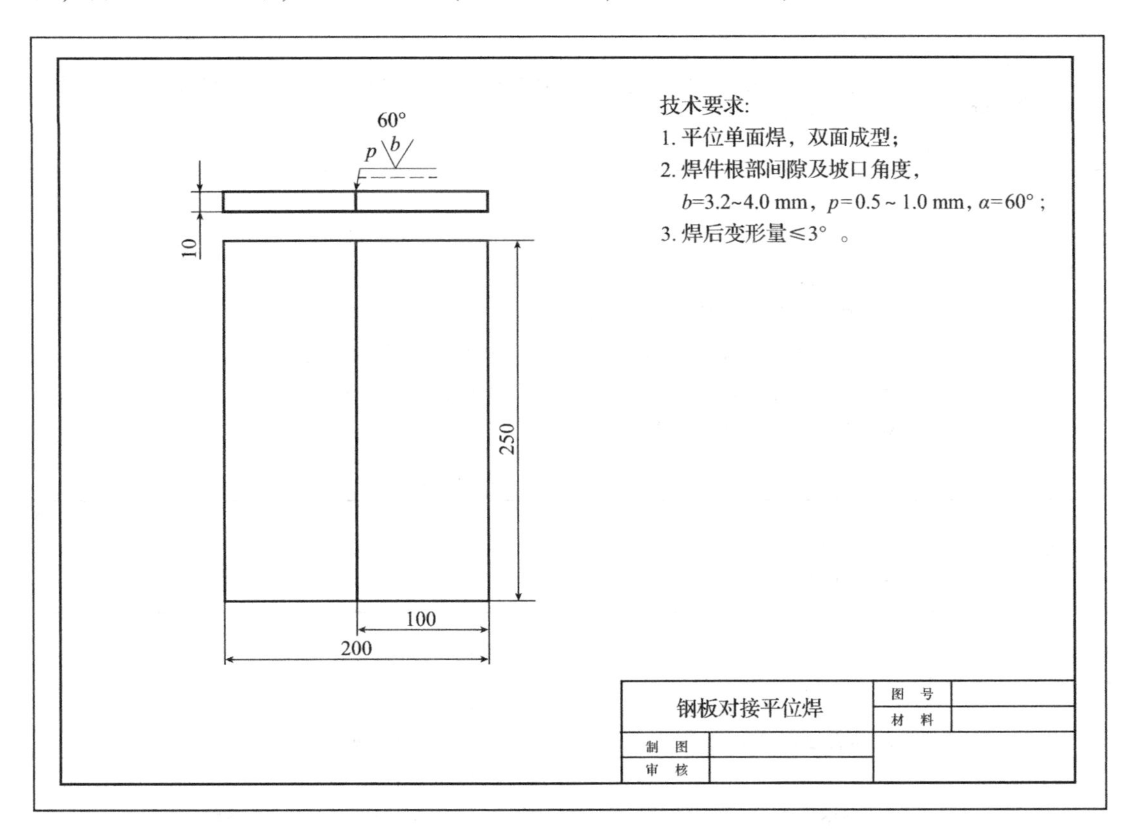
60°
p
b
10
250
100
200
技术要求:
1. 平位单面焊，双面成型;
2. 焊件根部间隙及坡口角度,
b=3.2~4.0 mm，p=0.5 ~ 1.0 mm，α=60°;
3. 焊后变形量≤3° 。
钢板对接平位焊
图 号
材 料
制 图
审 核

图2－3 钢板对接平位焊试件图

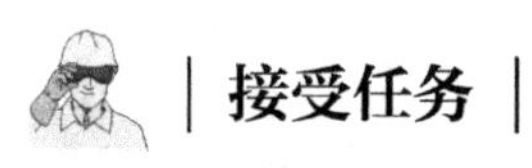

接受任务

低碳钢板对接平位焊派工单见表 2 - 1。

表2-1　派工单

工作地点	机械加工车间	工 时	32	任务接受人	
派工人		派工时间		完成时间	
技术标准	《机械制造工艺文件完整性》(GB/T 24738—2009)				
工作内容	根据提供的资源，使用电弧焊设备完成钢板的对接平位焊焊接，验收合格后交付给生产部负责人				
其他附件	1. 试件材料：Q235。 2. 试件尺寸：250 mm × 200 mm × 10 mm。 3. 焊接要求：单面焊，双面成型。 4. 焊接材料：E4303、焊条烘烤 75 ~ 150 ℃，恒温 1 ~ 2 h，随时取用。 5. 焊接设备：AX1 - 330 型或 BX3 - 300 型或 ZX5 - 400 型。 6. 辅助器具：护目镜等				
任务要求	1. 工时：32 h。 2. 按图加工				
验收结果	操作者自检结果： □ 合格　　□ 不合格 签名： 年　月　日			检验员检验结果： □ 合格　　□ 不合格 签名： 年　月　日	

知识链接

1. 图纸分析

钢板对接平位焊试件图分析如图 2-4 所示。

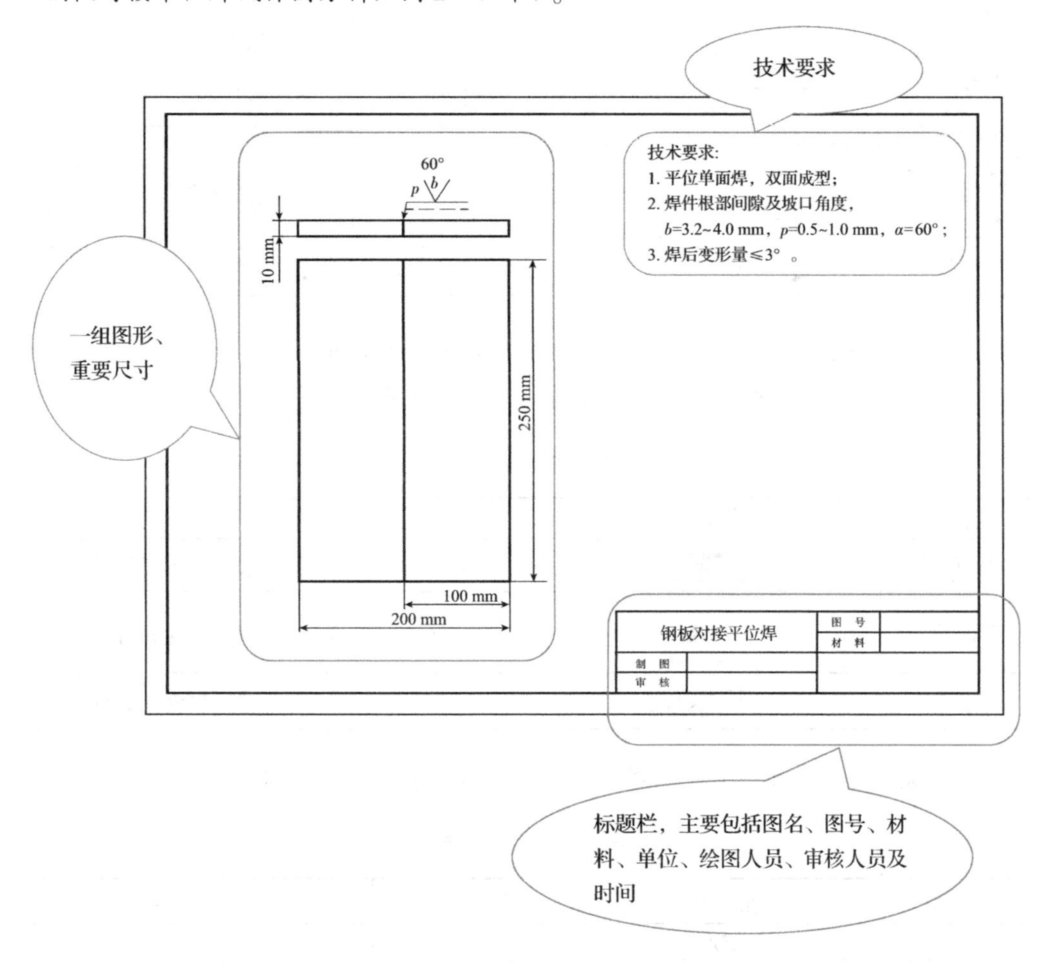

图 2-4 钢板对接平位焊试件图分析

2. 焊缝符号和焊接方法代号

焊缝符号是在图纸上标注出焊缝形式、焊缝尺寸和焊接方法的符号，由基本符号、辅助符号、补充符号、焊缝尺寸符号和指引线组成。

(1) 基本符号：表示焊缝横截面形状的符号，采取近似于焊缝横截面形式的符号表示，见表 2-2。

表2-2　基本符号

焊缝名称	焊缝横截面形状	符　号	焊缝名称	焊缝横截面形状	符　号
I形焊缝			角焊缝		
V形焊缝			塞焊缝或槽焊缝	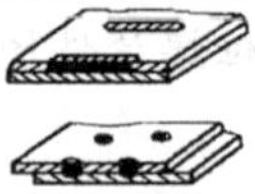	
带钝边V形焊缝			喇叭形焊缝		
单边V形焊缝			点焊缝	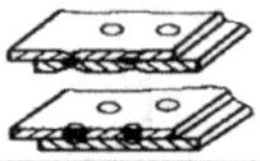	
带钝边单边V形焊缝			缝焊缝	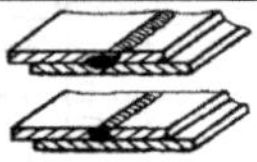	
带钝边U形焊缝					
封底焊缝					

（2）辅助符号：表示对焊缝表面形状特征辅助要求的符号。辅助符号一般与焊缝基本符号配合使用，只有在对焊缝表面形状有特殊要求时使用，见表2－3。

表2-3　辅助符号

名　称	焊缝辅助形式	符　号	说　明
平面符号		—	表示焊缝表面平齐
凹面符号	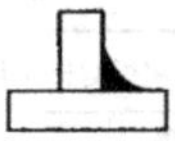	◡	表示焊缝表面凹陷
凸面符号		◠	表示焊缝表面凸起

（3）补充符号：表示补充说明焊缝某些特征的符号，见表2－4。

表2-4　补充符号

名　称	形　式	符　号	说　明
带垫板符号	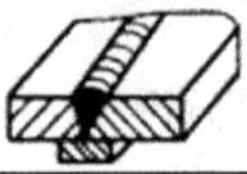	□	表示焊缝底部有垫板
三面焊缝符号	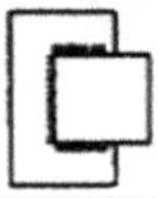	[	表示三面焊缝和开口方向
周围焊缝符号	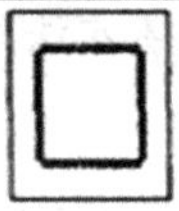	○	表示环绕工件周围焊缝
现场符号			表示在现场或工地上进行焊接
尾部符号			指引线尾部符号可参照GB/T 5185—2005标注焊接方法等

(4) 焊缝尺寸符号：表示坡口和焊缝各种特征尺寸的符号，见表2－5。

表2－5　焊缝尺寸符号

符号	名称	示意图	符号	名称	示意图
δ	板材厚度		h	焊缝余高	
c	焊缝宽度		s	焊缝有效厚度	
b	根部间隙		N	相同焊缝数量	
K	焊角高度		e	焊缝间距	
p	钝边高度		l	焊缝长度	
d	焊点直径		R	根部半径	
α	坡口角度		H	坡口高度	

(5) 指引线：由带箭头的指引线、两条基准线（横线）（一条为实线，另一条为虚线）和尾部组成，如图2－5所示。

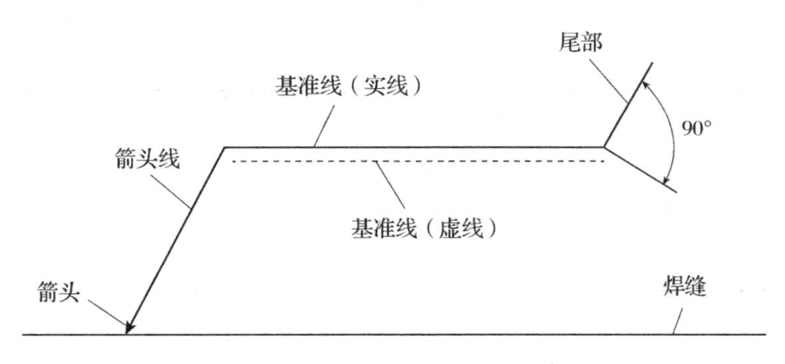

图2－5　指引线

(6) 焊缝符号的标注，如图2－6和表2－6所示。

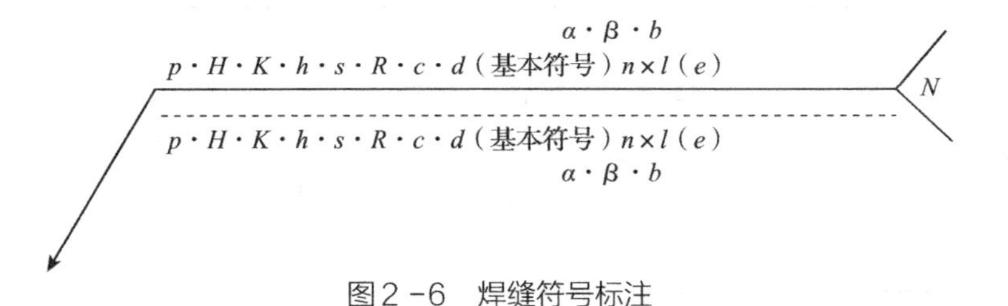

图2－6　焊缝符号标注

表2-6 具体焊缝符号标注

名称	示意图	标注
对接焊缝	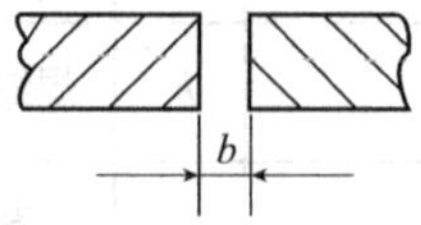	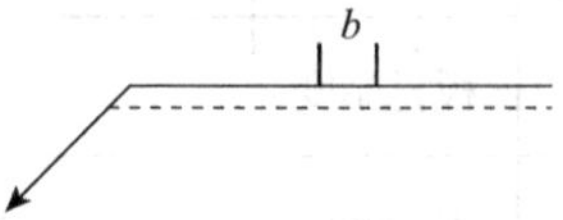
	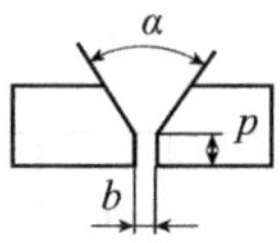	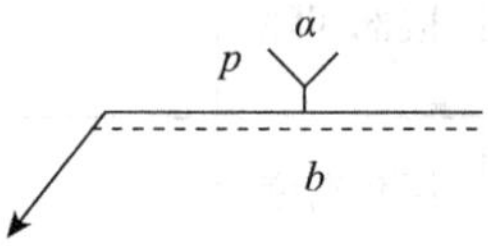
断续角焊缝	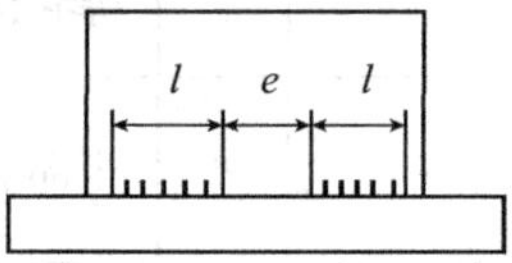	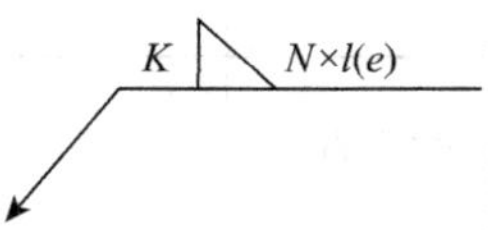
交错断续角焊缝	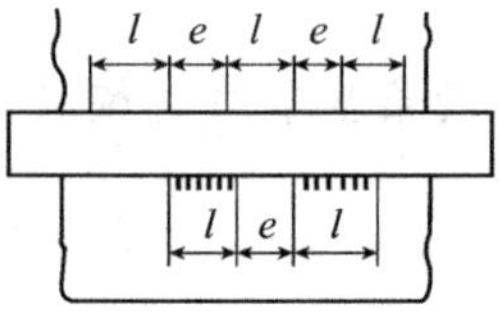	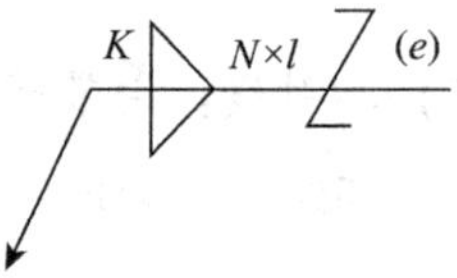
点焊缝	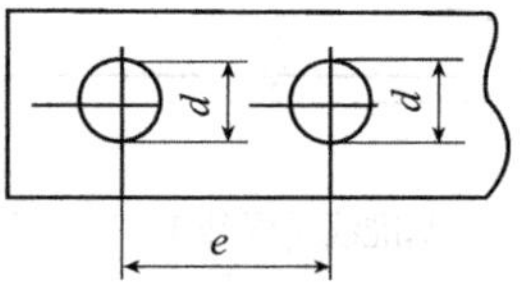	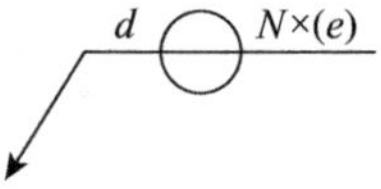
缝焊缝	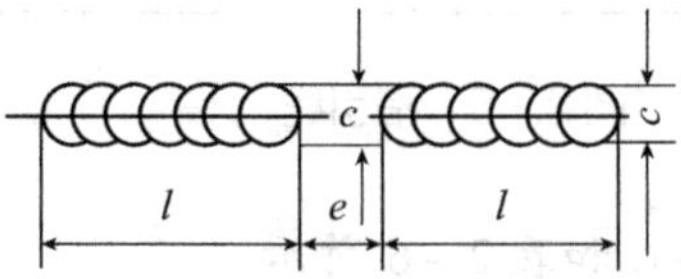	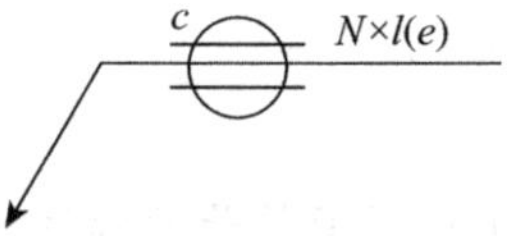
塞焊缝或槽焊缝	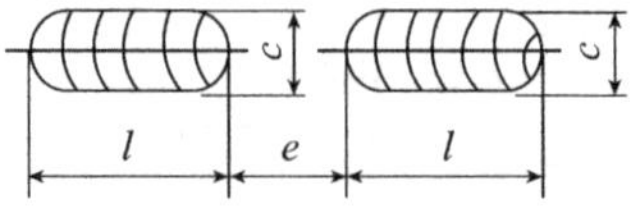	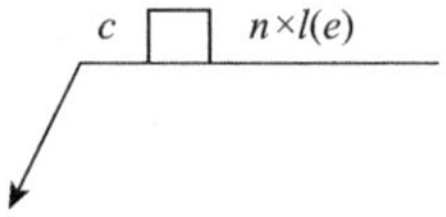

（7）焊接方法代号：焊接方法标注在指引线的尾部，见表2－7。

表2－7　焊接方法代号

名　称	焊接方法	名称	焊接方法
电弧焊	1	电阻焊	2
焊条电弧焊	111	点焊	21
埋弧焊	12	缝焊	22
熔化极惰性气体保护焊（MIG）	131	闪光焊	24
钨极惰性气体保护焊（TIG）	141	气焊	3
压焊	4	氧－乙炔焊	311
超声波焊	41	氧－丙烷焊	312
摩擦焊	42	其他焊接方法	7
扩散焊	45	激光焊	751
爆炸焊	441	电子束焊	76

任务实施

让我们按下面的步骤进行本项目的实施操作吧！

步骤一　焊前准备

一、作业现场安全检查

作业现场安全检查见表2－8。

表2－8　作业现场安全检查表

<table>
<tr><td colspan="2">检查时间</td><td></td><td>检查地点</td><td></td></tr>
<tr><td colspan="2">项目负责人</td><td></td><td>检查人</td><td></td></tr>
<tr><td>序号</td><td>检查项目</td><td colspan="2">检查内容</td><td>检查结果</td></tr>
<tr><td rowspan="2">1</td><td rowspan="2">焊接人员及防护</td><td colspan="2">1. 焊接人员有特殊工种操作证；</td><td></td></tr>
<tr><td colspan="2">2. 焊接时正确穿戴和使用手套、面罩。</td><td></td></tr>
</table>

（续）

检查时间			检查地点	
项目负责人			检查人	
序号	检查项目	检查内容		检查结果
2	焊接 设备及场地	1. 焊接作业点的设备、工具、材料排列整齐；		
		2. 焊接设备、焊机、电缆及其他器具放置稳妥，并保持良好的秩序；		
		3. 焊接区域有明确标识，并且有必要的警告标识；		
		4. 焊工作业面积不应小于 4 m²，地面应干燥，工作场地应有良好的自然采光或局部照明；		
		5. 焊接场地周围 10 m 范围内，各类可燃易爆物品清除干净。		
3	工夹具 安全检查	1. 电焊钳与焊接电缆接头牢固；		
		2. 面罩和护目镜遮挡严密，无漏光；		
		3. 砂轮转动正常，无漏电，砂轮片已经紧固牢靠，无裂纹、破损；		
		4. 锤子、扁铲、錾子边缘无毛刺、裂痕且稳固；		
		5. 带有螺钉的夹具，其上的螺钉转动灵活，无锈蚀。		

二、焊条电弧焊设备及工具

1. AX1－330 型弧焊变压器

该焊机属于动铁心式，其外形和外部接线如图 2－7 所示。焊接电流粗调节是改变二次侧接线板上的连接铜片位置，当连接铜片在位置Ⅰ时，焊接电流调节范围为 50～180 A；当连接铜片在位置Ⅱ时，焊接电流调节范围为 160～450 A，如图 2－8 所示。

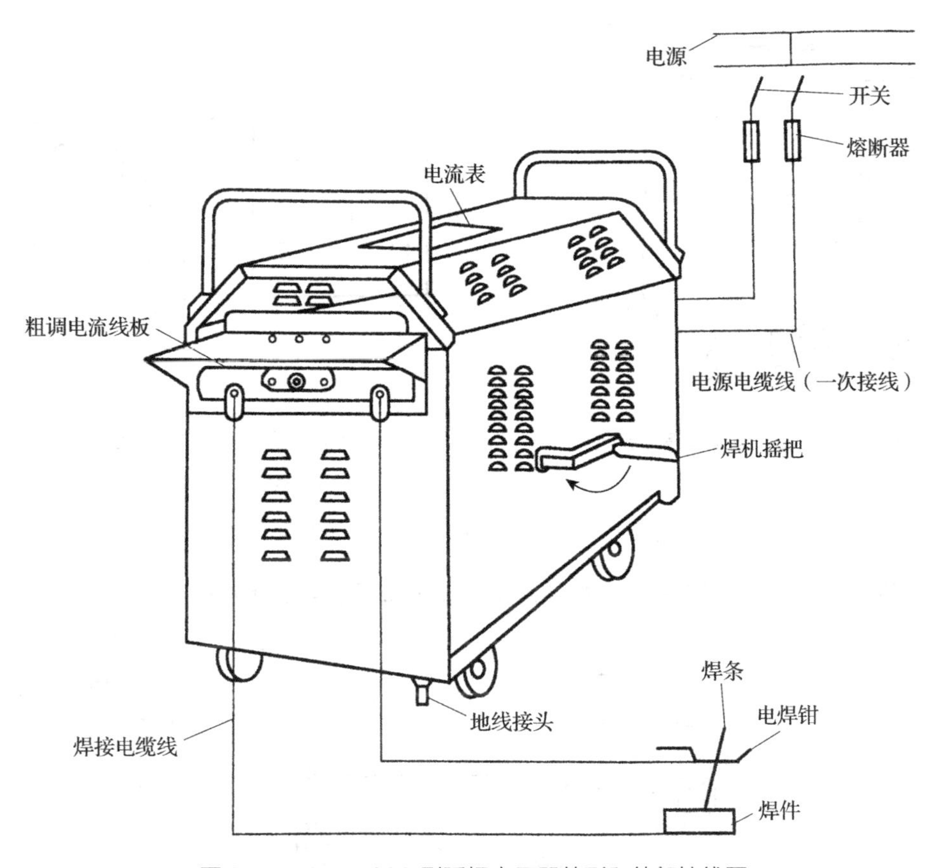

图2－7　AX1－330型弧焊变压器外形和外部接线图

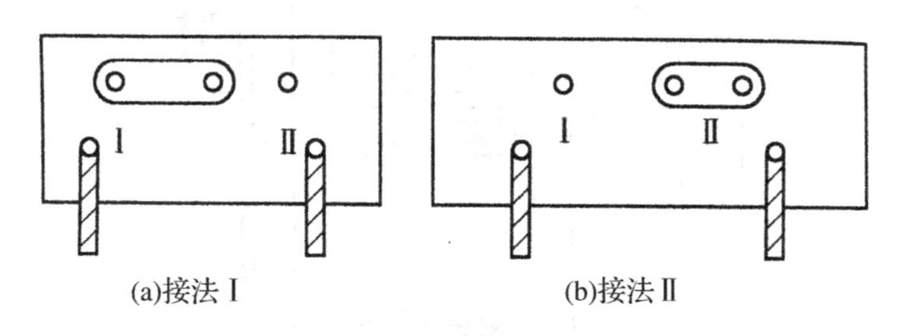

图2－8　AX1－330型弧焊变压器焊接电流粗调节

（a）接法Ⅰ　（b）接法Ⅱ

2. BX3－300型弧焊变压器

该焊机属于动圈式，其外形和焊接电流粗调节如图2－9和图2－10所示。当接线在位置Ⅰ时，同时转动粗调转换开关，其与位置Ⅰ相对应时的接线为串联方式，焊接电流调节范围为40～150 A。当接线在位置Ⅱ时，同时转动粗调转换开关，其与位置Ⅱ对应时的接线为并联方式，焊接电流调节范围为120～380 A。

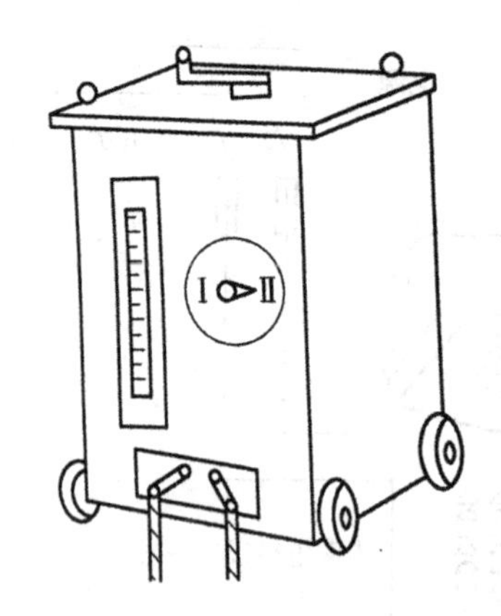

图2-9 BX3-300 型弧焊变压器外形

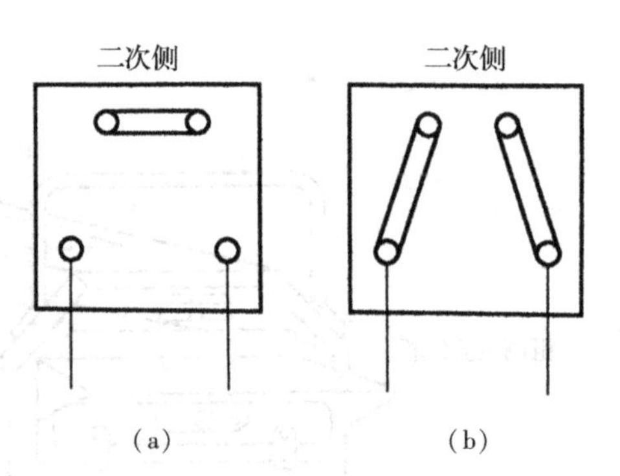

图2-10 BX3-300 型弧焊变压器焊接电流粗调节
(a) 接法Ⅰ (b) 接法Ⅱ

3. ZX5-400 型弧焊整流器

该焊机属于晶闸管整流式，其外形和外部接线如图 2-11 所示。

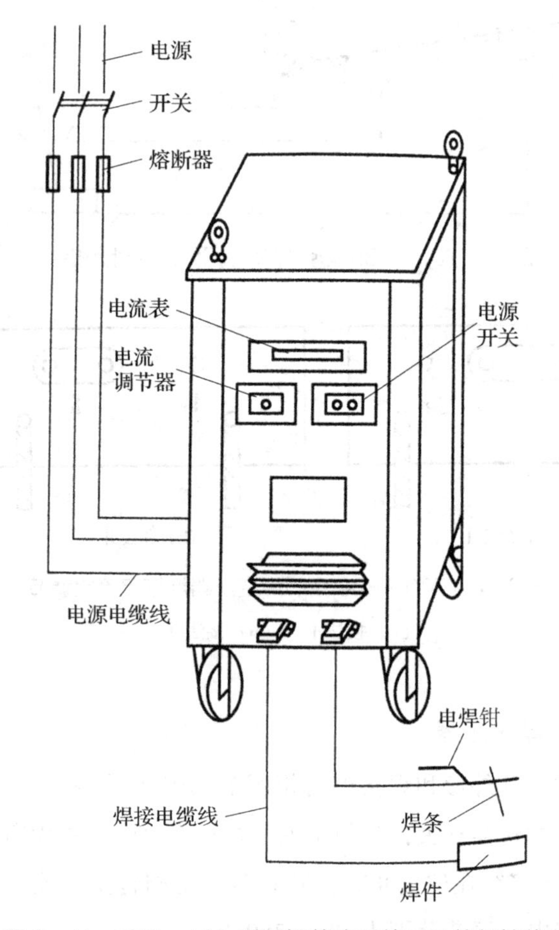

图2-11 ZX5-400 型弧焊整流器外形及外部接线图

知识链接

焊机是将电能转变为焊接能量的焊接设备，焊机型号表示方法见表2－9。

表2－9　焊机型号表示方法

大类字母	代表含义	小类名称	代表含义	系列序号	代表含义
A	弧焊发电机	X	下降特性	1	动铁芯式
				2	串联电抗线圈
B	弧焊变压器	P	平特性	3	动圈式
				4	晶体管式
Z	弧焊整流器	D	多特性	5	晶闸管式
				6	变换抽头式
				7	变频式

4．焊缝检测尺

焊缝检测尺用以测量焊前焊件的坡口角度、装配间隙、错边及焊后焊缝的余高、焊缝宽度、焊缝焊脚的高度和厚度等。测量用法举例如图2－12所示。

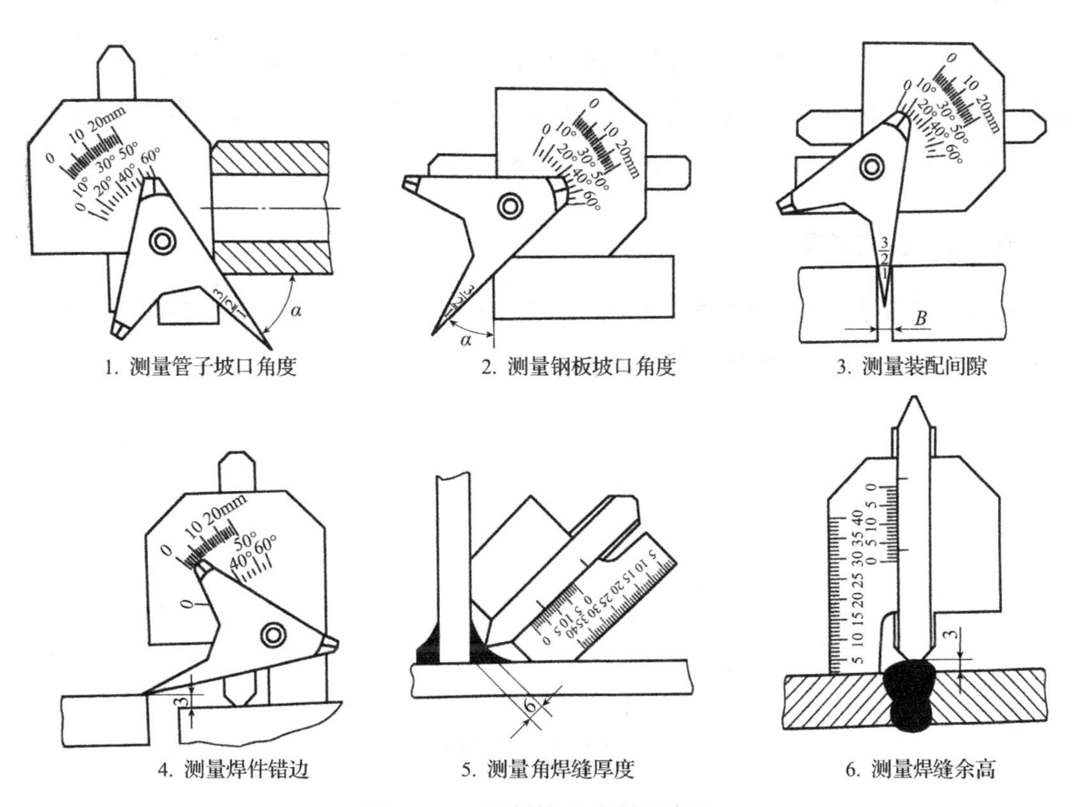

图2－12　焊缝检测尺的使用案例

步骤二 试件装配

一、试件清理

清除坡口面和坡口正反两侧各 20 mm 范围内的油污、锈蚀、水分及其他污物，直至露出金属光泽。

二、修磨钝边

修磨钝边 0.5 ~ 1 mm，使之无毛刺。

三、装配间隙

始端为 3.2 mm，终端为 4.0 mm。放大终端的间隙是考虑到焊接过程中的横向收缩量，以保证熔透坡口根部所需要的间隙。错边量≤1.2 mm。

四、定位焊

采用与焊接试件相同牌号的焊条，将装配好的试件在距端部 20 mm 之内进行定位焊，并在试件反面两端点焊，焊缝长度为 10 ~ 15 mm。始端可少焊些，终端应多焊些，以防止在焊接过程中收缩造成未焊段坡口间隙变窄而影响焊接。

五、预置反变形量

预置反变形量为 3°，如图 2 - 13 所示。反变形量获得的方法：两手拿住其中一块钢板的两边，轻轻磕打另一块钢板，如图 2 - 14 所示。

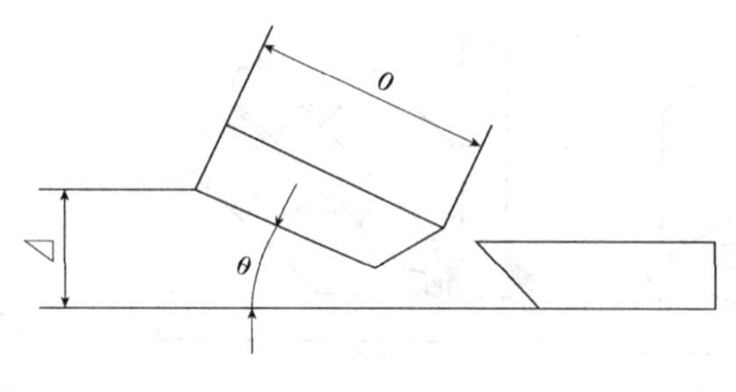

图 2 - 13 反变形量

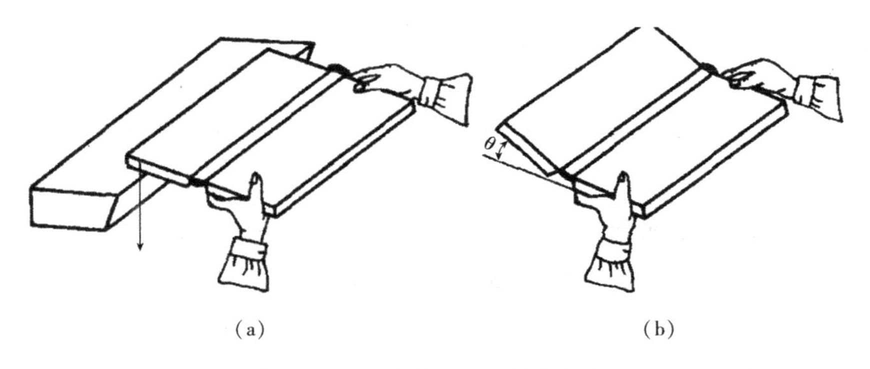

图 2-14　平板点固时预置反变形量

(a) 反变形量的获得　(b) 反变形角示意图

注意事项

装配时可分别用直径 3.2 mm 和 4.0 mm 的焊条夹在试件两端，用一直尺搁在被置弯的试件两侧，中间的空隙能通过一根带药皮的焊条，如图 2-15 所示（钢板宽度 b = 100 mm 时，放置直径 3.2 mm 焊条；钢板宽度 b = 125 mm 时，放置直径 4.0 mm 焊条）。这样预置的反变形量待试件焊后，其变形角 θ 均在合格范围内。

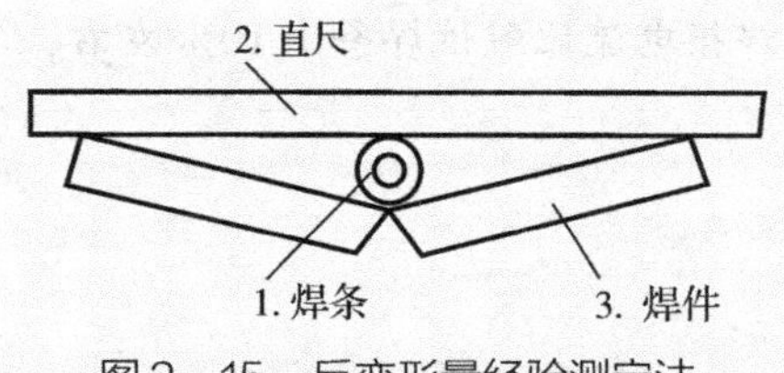

图 2-15　反变形量经验测定法

步骤三　确定焊接工艺参数

低碳钢板对接平位焊工艺参数见表 2-10。

表 2-10　低碳钢板对接平位焊工艺参数

焊接层数	焊条直径 (mm)	焊接电流 (A)	电弧电压 (V)
打底层	3.2	95～100	22～24
填充层(1)	3.2	120～130	22～24
填充层(2)	4.0	160～180	22～24
盖面层	4.0	160～170	22～24

知识链接

焊接电流大小主要取决于焊条直径和焊缝空间位置，其次是工件厚度、接头形式、焊接层次等。

（1）焊条直径。焊条直径较小时，焊接电流也相应较小；反之，焊条直径较大时，焊接电流也相应增大。焊接电流可按下列经验公式选择：

$$I = 10d^2$$

式中：d——焊条直径，mm。

（2）焊接位置。在平焊位置时，运条及控制熔池中的熔化金属比较容易，可选择较大的焊接电流。在横、立、仰焊位置时，为了避免熔池金属下淌，焊接电流应比平焊位置小 10%～20%。角接焊电流比平焊电流稍大些。

（3）焊接层次。通常打底焊接，特别是焊接单面焊、双面成型的焊道时，使用的焊接电流要小，以便于操作和保证背面焊道的质量；填充焊道可以选择较大的焊接电流；而盖面焊道，为防止咬边，焊接电流可稍小些。

另外，碱性焊条选用的焊接电流比酸性焊条小 10% 左右，不锈钢焊条比碳钢焊条选用的焊接电流小 20% 左右。

注意事项

除了用电流表测量焊接电流外，在实际工作中，还可以凭经验从以下几方面判断电流大小是否合适。

（1）听响声。焊接的时候可以从电弧的响声来判断电流的大小。当焊接电流较大时，发出“哗哗”的声响，犹如大河流水一样；当焊接电流较小时，发出“沙沙”的声响，同时夹杂着清脆的“噼啪”声。

（2）观察飞溅状态。当焊接电流过大时，电弧吹力大，有较大颗粒的熔液向熔池外飞溅，且焊接时爆裂声大，焊件表面不干净；当焊接电流太小时，焊条熔化慢，电弧吹力小，熔渣和熔液很难分离。

（3）观察焊条熔化状况。当焊接电流过大时，在焊条连续熔掉大半根之后，可以发现剩余部分产生发红现象；当焊接电流过小时，电弧燃烧不稳定，焊条易粘在焊件上。

（4）看熔池形状。当焊接电流较大时，椭圆形熔池长轴较长；当焊接电流较小时，熔池呈扁形；当焊接电流适中时，熔池的形状像鸭蛋形。

（5）检查焊缝成型状况。当焊接电流过大时，焊缝熔敷金属低，熔深大，易产生咬边；当焊接电流过小时，焊缝熔敷金属窄而高，且两侧与母材结合不良；当焊接电流适中时，焊缝熔敷金属高度适中，焊缝熔敷金属两侧与母材结合得很好。

步骤四　焊接过程

一、操作姿势

图2-16　操作姿势

焊接操作时，焊工左手持面罩，右手握焊钳（见图2-16），一般采用蹲式操作，蹲姿要自然，两脚夹角为70°~85°，两脚距离为240~260 mm。持焊钳的胳膊半伸开，要悬空无依托地操作。

二、打底焊

单面焊、双面成型指在试件坡口一侧进行焊接，而在焊缝正、反面都能得到均匀整齐而无缺陷的焊道，其关键在于打底层的焊接。

（1）引弧：在始焊端的定位焊处引弧，并略抬高电弧稍作预热，当焊至定位焊缝尾部时，将焊条向下压一下，听到“噗噗”的一声后，立即灭弧。此时熔池前端应有熔孔，深入两侧母材0.5~1 mm，如图2-17所示。当熔池边缘变成暗红色，熔池中间仍处于熔融状态时，立即在熔池的中间引燃电弧，焊条略向下轻微地压一下，形成熔池，打开熔孔后立即灭弧，这样反复击穿直到焊完。运条间距要均匀准确，使电弧的2/3压住熔池，1/3作用在熔池前方，用来熔化和击穿坡口根部形成熔池。

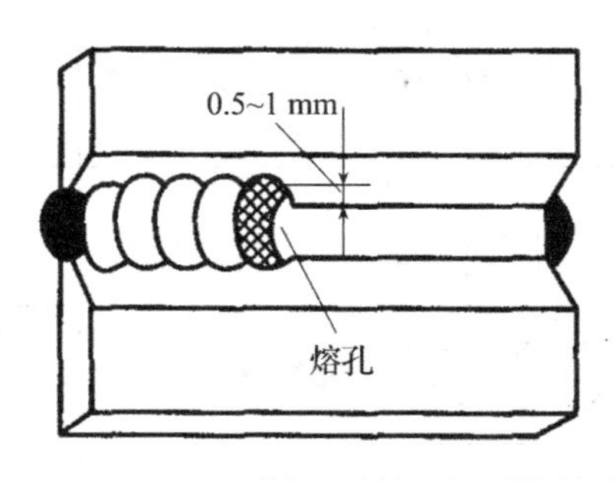

图2-17　V形坡口对接平焊时的熔孔

知识链接

运条一般分三个基本运动即沿焊条中心线向熔池送进、沿焊接方向均匀移动、横向摆动，如图2-18所示。

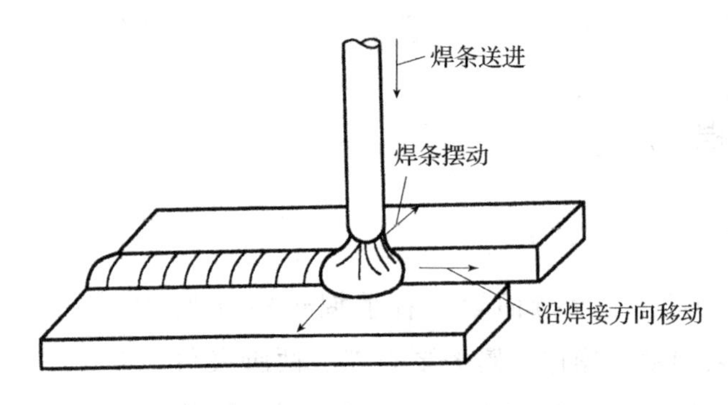

图2－18 运条的三个基本运动

运条的方法很多，选用时应根据接头的形式、装配间隙、焊缝的空间位置、焊条的直径与性能、焊接电流及焊工技术水平等确定。常用的运条方法及应用范围见表2－11。

表2－11 常用运条方法及适用范围

运条方法	运条示意图	适用范围
直线形运条法		薄板对接平焊 多层焊的第一层焊道及多层多焊道
直线往返运条法		薄板焊 对接平焊（间隙较大）
锯齿形运条法		对接接头平、立、仰焊 角接接头立焊
月牙形运条法		管的对接 对接接头平、立、仰焊 角接接头立焊
正三角形运条法		角接接头立焊 对接接头
斜三角形运条法		角接接头仰焊 开V形坡口对接接头横焊
正圆圈形运条法		对接接头厚板件平焊
斜圆圈形运条法		角接接头平、仰焊 对接接头横焊
8字形运条法		对接接头厚板件平焊

（2）收弧：收弧前，应在熔池前方做一个熔孔，然后回焊 10 mm 左右，再灭弧；或向末尾熔池的根部送进 2～3 滴熔液，然后灭弧，以使熔池缓慢冷却，避免接头出现冷缩孔。

（3）接头：采用热接法。接头时换焊条的速度要快，在收弧熔池还没有完全冷却时，立即在熔池后 10～15 mm 处引弧。当电弧移至收弧熔池边缘时，将焊条向下压，听到击穿声，稍作停顿，再送两滴熔液，以保证接头过渡平整，防止形成冷缩孔，然后转入正常灭弧焊法。

更换焊条时的电弧轨迹如图 2－19 所示。电弧在①的位置重新引弧，沿焊道至接头处②的位置，作长弧预热来回摆动。摆动几下（③ ④ ⑤ ⑥）之后，在⑦的位置压低电弧。当出现熔孔并听到“噗噗”声时，迅速灭弧。这时更换焊条的接头操作结束，转入正常灭弧焊法。灭弧焊法要求每一个熔滴都要准确送到欲焊位置，燃、灭弧节奏控制在 45～55 次/分钟。节奏过快，坡口根部熔不透；节奏过慢，熔池温度过高，焊件背后焊缝会超高，甚至出现焊瘤和烧穿现象。要求每形成一个熔池都要在其前面出现一个熔孔，熔孔的轮廓由熔池边缘和坡口两侧被熔化的缺口构成。

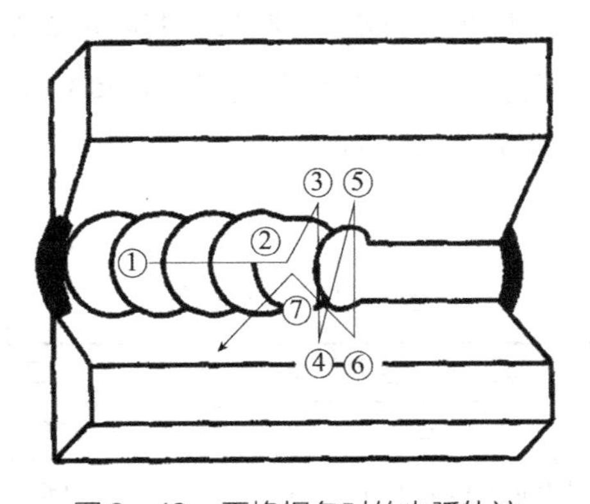

图 2－19　更换焊条时的电弧轨迹

三、填充焊

填充焊前应对前一层焊缝仔细清渣，特别是死角处更要清理干净。填充焊的运条手法为月牙形或锯齿形，焊条与焊接前进方向的角度为 40°～50°。

注意事项

填充焊时应注意以下几点：

（1）摆动到两侧坡口处要稍作停留，保证两侧有一定的熔深，并使填充焊道略向下凹；

（2）最后一层的焊缝高度应低于母材 0.5～1.0 mm，不能熔化坡口两侧的棱边，以便于盖面焊时掌握焊缝宽度；

（3）填充层接头时焊缝接头应错开。

四、盖面焊

采用直径 4.0 mm 焊条时，焊接电流应稍小一点；要使熔池形状和大小保持均匀一致，焊条与焊接方向夹角应保持 75°左右；采用月牙形运条法和 8 字形运条法；焊条摆动到坡口边缘时应稍作停顿，以免产生咬边。

更换焊条收弧时应对熔池稍填熔滴，迅速更换焊条，并在弧坑前 10 mm 左右处引弧，然后将电弧退至弧坑的 2/3 处，填满弧坑后正常进行焊接。接头时应注意，若接头位置偏后，则接头部位焊缝过高；若偏前，则焊道脱节。焊接时应注意，保证熔池边沿不得超过表面坡口棱边 2 mm，否则焊缝超宽。盖面层的收弧采用划圈法和回焊法，最后填满弧坑使焊缝平滑。

步骤五 焊后检查

（1）焊缝的起头和连接处平滑过渡，无局部过高现象，收尾处弧坑填满。

（2）焊缝表面焊波均匀，无明显未熔合和咬边，其咬边深度≤0.5 mm 为合格。

（3）焊缝边缘直线度在任意 300 mm 连续焊缝长度内≤3 mm。

（4）试件表面非焊道上不应有引弧痕迹。

验收记录见表 2－12。

表 2－12 验收记录

<table>
<tr><td colspan="2">项目名称</td><td colspan="3">低碳钢板对接平位焊</td><td>工程类别</td><td>E</td></tr>
<tr><td colspan="2">钢材型号</td><td colspan="3">Q235</td><td>材料</td><td>E4303</td></tr>
<tr><td colspan="2">部件规格</td><td colspan="3">250 mm × 200 mm × 10 mm</td><td>设备</td><td>BX3－300</td></tr>
<tr><td rowspan="2">检查记录</td><td>缺陷面积</td><td>咬边深度</td><td>表面度</td><td>焊缝长度</td><td>焊接工签字</td><td>检查日期</td></tr>
<tr><td></td><td></td><td></td><td></td><td></td><td></td></tr>
<tr><td>检查结论</td><td colspan="3">自检确认意见：
上述焊接表面观感检查已完成，焊接表面无气孔、夹渣、裂纹、未熔合，表面质量符合要求。
班（组）长：
年 月 日</td><td colspan="3">施工作业单位复查意见：
经复查，上述焊接表面质量符合焊接质量验收要求。
二级质检员：
年 月 日</td></tr>
</table>

注：本表仅作为表面质量观感检查用，如有缺陷，缺陷及处理情况应据实填写。

过程考核评价

低碳钢板对接平位焊过程考核评价见表 2－13。

表 2－13　低碳钢板对接平位焊过程考核评价表

<table>
<tr><th colspan="8">项目一　低碳钢板对接平位焊</th></tr>
<tr><td>学员姓名</td><td></td><td>学号</td><td></td><td>班级</td><td></td><td>日期</td><td></td></tr>
<tr><td>项目</td><td>考核项目</td><td colspan="2">考核要求</td><td>配分</td><td colspan="2">评分标准</td><td>得分</td></tr>
<tr><td rowspan="2">知识目标</td><td>设备连接和使用</td><td colspan="2">能正确连接及使用设备</td><td>10</td><td colspan="2">项目中的设备连接错误、工具使用错误或基本特性错误，一项扣 2 分</td><td></td></tr>
<tr><td>焊接参数设置</td><td colspan="2">能根据材料设置合适的焊接参数</td><td>10</td><td colspan="2">参数设置不正确扣 5 分</td><td></td></tr>
<tr><td rowspan="14">能力目标</td><td rowspan="11">焊缝外观检查</td><td colspan="2">正面焊缝余高 $0 \leqslant h \leqslant 3$ mm</td><td>5</td><td colspan="2">超差不得分</td><td></td></tr>
<tr><td colspan="2">背面焊缝余高 $0 \leqslant h \leqslant 2$ mm</td><td>5</td><td colspan="2">超差不得分</td><td></td></tr>
<tr><td colspan="2">正面焊缝余高差 $0 \leqslant h_1 \leqslant 2$ mm</td><td>5</td><td colspan="2">超差不得分</td><td></td></tr>
<tr><td colspan="2">正面焊缝每侧比坡口增宽 1～3 mm</td><td>5</td><td colspan="2">超差不得分</td><td></td></tr>
<tr><td colspan="2">焊缝宽度差 $0 \leqslant c_1 \leqslant 3$ mm</td><td>5</td><td colspan="2">超差不得分</td><td></td></tr>
<tr><td colspan="2">焊后角变形 $\theta \leqslant 3°$</td><td>5</td><td colspan="2">超差不得分</td><td></td></tr>
<tr><td colspan="2">咬边深度≤0.5 mm，长度≤10 mm</td><td>5</td><td colspan="2">超差不得分</td><td></td></tr>
<tr><td colspan="2">无未焊透现象</td><td>5</td><td colspan="2">出现缺陷不得分</td><td></td></tr>
<tr><td colspan="2">错边量≤1.0 mm</td><td>3</td><td colspan="2">超差不得分</td><td></td></tr>
<tr><td colspan="2">无焊瘤、气孔</td><td>3</td><td colspan="2">出现缺陷不得分</td><td></td></tr>
<tr><td colspan="2">焊缝表面波纹均匀、成型美观</td><td>3</td><td colspan="2">根据成型酌情扣分</td><td></td></tr>
<tr><td rowspan="2">弯曲试验</td><td colspan="2">面弯合格</td><td>3</td><td colspan="2" rowspan="2">不合格不得分</td><td></td></tr>
<tr><td colspan="2">背弯合格</td><td>3</td><td></td></tr>
<tr><td>时限</td><td colspan="2">焊接必须在规定时限内完成</td><td>5</td><td colspan="2">超时不得分</td><td></td></tr>
<tr><td rowspan="2">方法及社会能力</td><td>过程方法</td><td colspan="2">1. 学会自主发现、自主探索的学习方法；
2. 学会在学习中反思、总结，调整自己的学习目标，在更高水平上获得发展</td><td>10</td><td colspan="2">根据工作中反思、创新见解、自主发现、自主探索的学习方法，酌情给 5～10 分</td><td></td></tr>
<tr><td>社会能力</td><td colspan="2">小组成员间团结、协作，共同完成工作任务，养成良好的职业素养（工位卫生、工服穿戴等）</td><td>10</td><td colspan="2">1. 工作服穿戴不全扣 3 分；
2. 工位卫生情况差扣 3 分</td><td></td></tr>
<tr><td colspan="2">实训总结</td><td colspan="6">你完成本次工作任务的体会：（学到哪些知识，掌握哪些技能，有哪些收获？）</td></tr>
<tr><td colspan="2">得分</td><td colspan="6"></td></tr>
</table>

工作小结

项目二 低碳钢板对接立位焊

任务描述

低碳钢板对接立位焊是在船舶、钢结构加工和建筑等行业中应用较为广泛的钢板拼接技术，由于大型钢结构和船舶制造业在箱体拼接中无法将焊缝水平放置，焊缝只能处于立位置，构件因为板厚原因，需要根据图纸（见图2－20）和技术要求加工一定坡口，然后按照一定的工艺进行焊接，焊后经过检测合格，转入下一道工序，4天内完成（一天8工时，共计32工时）。

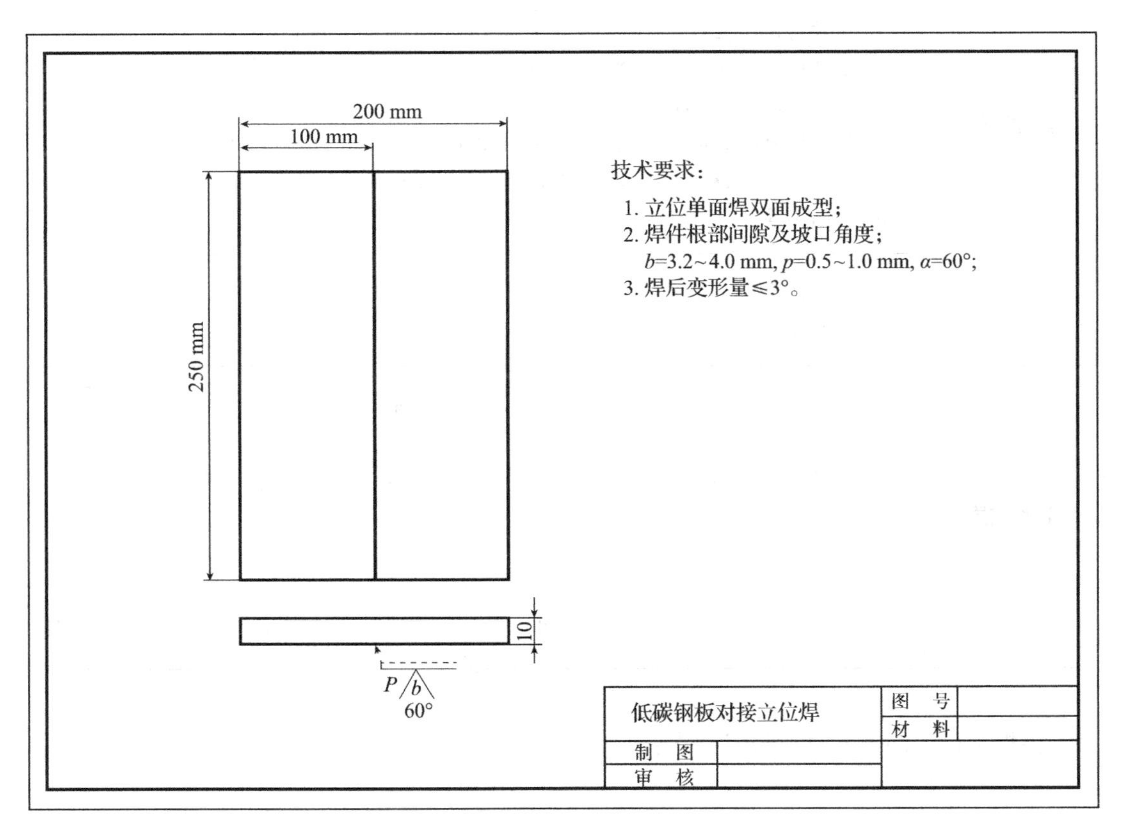

图2－20 低碳钢板对接立位焊试件图

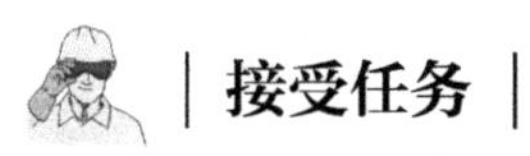

接受任务

低碳钢板对接立位焊派工单见表2－14。

表2－14　派工单

工作地点	机械加工车间	工 时	32	任务接受人	
派工人		派工时间		完成时间	
技术标准	《机械制造工艺文件完整性》（GB/T 24738—2009）				
工作内容	根据提供的资源，使用电弧焊设备完成钢板的对接立位焊焊接，验收合格后交付给生产部负责人。				
其他附件	1. 试件材料：Q235。 2. 试件尺寸：250 mm × 200 mm × 10 mm。 3. 焊接要求：单面焊、双面成型。 4. 焊接材料：E4303、焊条烘烤75～150 ℃，恒温1～2 h，随时取用。 5. 焊接设备：AX1－330型或BX3－300型或ZX5－400型。 6. 辅助器具：护目镜等。				
任务要求	1. 工时：32h。 2. 按图加工。				
验收结果	操作者自检结果： ☐ 合格　　☐ 不合格 签名： 年　月　日			检验员检验结果： ☐ 合格　　☐ 不合格 签名： 年　月　日	

根据上面的图纸试分析技术要求：

1. ______________________________

2. ______________________________

3. ______________________________

4. ______________________________

任务实施

让我们按下面的步骤进行本项目的实施操作吧！

步骤一 焊前准备

一、作业现场安全检查

作业现场安全检查见表2-15。

表2-15 作业现场安全检查表

<table>
<tr><td colspan="2">检查时间</td><td></td><td>检查地点</td><td></td></tr>
<tr><td colspan="2">项目负责人</td><td></td><td>检查人</td><td></td></tr>
<tr><td>序号</td><td>检查项目</td><td colspan="2">检查内容</td><td>检查结果</td></tr>
<tr><td rowspan="2">1</td><td rowspan="2">焊接人员及防护</td><td colspan="2">1. 焊接人员有特殊工种操作证；</td><td></td></tr>
<tr><td colspan="2">2. 焊接时正确穿戴和使用手套、面罩。</td><td></td></tr>
<tr><td rowspan="5">2</td><td rowspan="5">焊接
设备及场地</td><td colspan="2">1. 焊接作业点的设备、工具、材料排列整齐；</td><td></td></tr>
<tr><td colspan="2">2. 焊接设备、焊机、电缆及其他器具放置稳妥，并保持良好的秩序；</td><td></td></tr>
<tr><td colspan="2">3. 焊接区域有明确标设，并且有必要的警告标志；</td><td></td></tr>
<tr><td colspan="2">4. 焊工作业面积不应小于4 m^2，地面应干燥，工作场地应有良好的自然采光或局部照明；</td><td></td></tr>
<tr><td colspan="2">5. 焊接场地周围10 m范围内，各类可燃易爆物品清除干净。</td><td></td></tr>
<tr><td rowspan="5">3</td><td rowspan="5">工夹具
安全检查</td><td colspan="2">1. 电焊钳与焊接电缆接头牢固；</td><td></td></tr>
<tr><td colspan="2">2. 面罩和护目镜遮挡严密，无漏光的现象；</td><td></td></tr>
<tr><td colspan="2">3. 砂轮转动正常，无漏电的现象，砂轮片已经紧固牢靠，无裂纹、破损；</td><td></td></tr>
<tr><td colspan="2">4. 锤子、扁铲、錾子边缘无毛刺、裂痕且稳固；</td><td></td></tr>
<tr><td colspan="2">5. 带有螺钉的夹具，其上的螺钉转动灵活，无锈蚀。</td><td></td></tr>
</table>

二、焊条电弧焊设备及材料准备

焊条电弧焊所需设备及材料准备填写表 2－16。

表 2－16 设备及材料准备

序号	设备	焊接材料	工具	量具
1				
2				
3				

步骤二 试件装配

一、试件清理

清除坡口面和坡口正反两侧各 20 mm 范围内的油污、锈蚀、水分及其他污物，直至露出金属光泽。

二、修磨钝边

0. 5 ~1 mm，无毛刺。

三、装配间隙

（1）装配间隙（见图 2－21），始焊端为 3. 0 ~3. 5 mm，终焊端为 3. 5 ~4. 0 mm。

（2）错边：两边≤0. 5 mm。

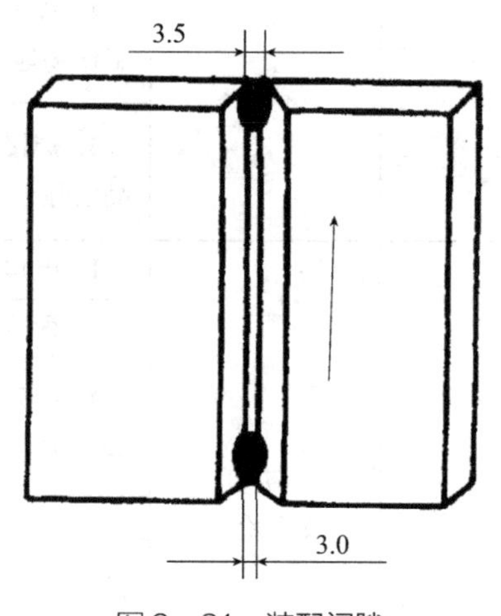

图 2－21 装配间隙

四、定位焊

定位焊时应先点始焊端，再点终焊端，采用与试件相同型号的焊条进行定位焊，并在试件背面两端点固焊，始焊端可少焊些，终焊端应多焊些（反转焊件在终焊端再次进行加固），防止在焊接过程中收缩，造成未焊段坡口间隙变窄而影响焊接，定位焊缝必须焊牢，焊点长度为 10 ~15 mm。

五、预预置反变形

预置反变形量为 2. 5° ~3°（见图 2－22），反变形角度比平位焊时稍小一些。

图2－22　焊件的角变形

步骤三　确定焊接工艺参数

低碳钢板对接立位焊工艺参数见表2－11。

表2－11　低碳钢板对接立位焊工艺参数

焊道分布	焊接层数	焊条直径（mm）	焊接电流（A）
5 4 3 2 1	根层	3.2	80～90
	二层	3.2	90～120
	三、四层	4.0	110～130
	盖面层	4.0	110～120

步骤四　焊接过程

知识链接

对于立焊法，在重力作用下，焊条熔化所形成的熔滴及熔池中熔化金属要向下淌，这样就使焊缝成型困难，焊缝也不如平焊美观。可采取以下措施：

（1）将试板固定在垂直面内，间隙垂直于地面，且间隙小的一端在下；

（2）采用小直径的焊条，使用较小的焊接电流（比平焊小10%～15%）；

（3）采用短弧焊接，弧长不大于焊条直径，利用电弧吹力托住熔滴；

（4）掌握操作姿势，可采取胳膊有依托和无依托两种；

（5）采用合适的操作方法，焊接时焊条应处于通过两焊件接口而垂直于焊件的平面内，并与焊件成70°～80°夹角，如图2－23所示。

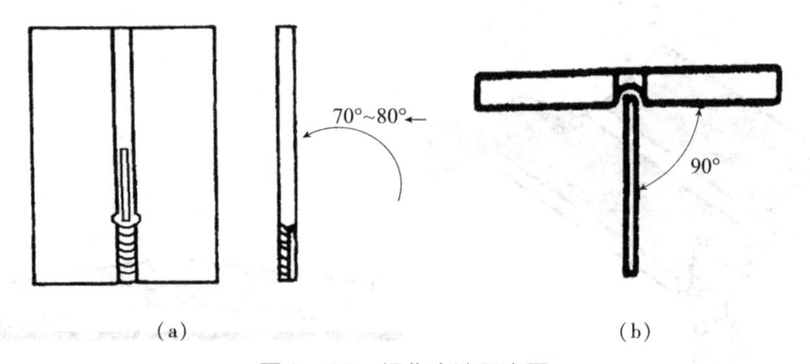

图2-23　操作方法示意图

(a) 正视图　(b) 俯视图

(6) 握钳方法，可采用正握法和反握法，如图2-24所示。

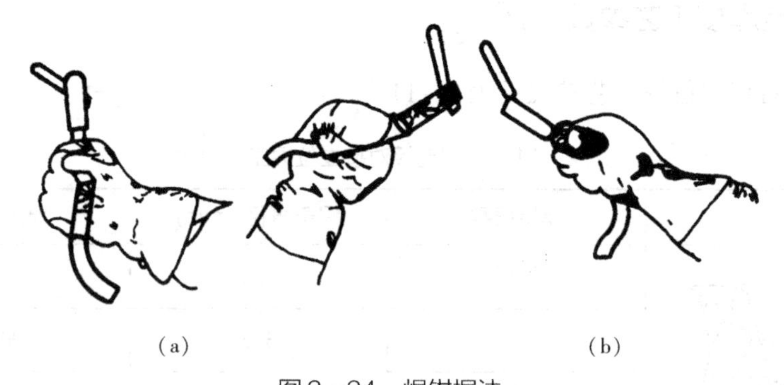

图2-24　焊钳握法

(a) 正握法　(b) 正握法　(c) 反握法

(7) 由于焊件较厚，多采用单面焊多层多道焊，焊接层数一般为三层（打底层、填充层、盖面层）。

一、打底焊

1. 引弧位置

对对打底层施焊时，在焊件下端定位焊缝上面10~20 mm的坡口面处引弧，然后迅速向下拉至定位焊缝上，停顿预热1~2 s，再向上摆动运条（锯齿形横向摆动）。到达定位焊缝上沿时，稍加大焊条下倾角度，向前送并压低电弧，坡口根部熔化并被击穿，形成熔孔。

2. 运条方式和焊条角度

采用连弧焊法，焊条作锯齿形横向摆动，短弧连续向上焊接，向上运条要均匀，间距不宜过大；焊接时，电弧要在两侧的坡口面上稍作停留，保证焊缝与母材熔合良好。焊接时，电弧应控制短些，运条速度要均匀，向上运条时的间距不宜过大，过大时背面焊缝容易产生咬边，应使焊接电弧的1/3对着坡口间隙、2/3覆盖在熔池上，形成熔孔。

3. 控制熔孔和熔池

立焊时熔孔（见图2－25）可以比平焊时稍大一点，熔池表面呈水平的椭圆形，焊接过程中电弧尽可能短些，使焊条药皮熔化时产生的气体和溶渣能可靠地保护熔池（见图2－26），防止产生气孔。

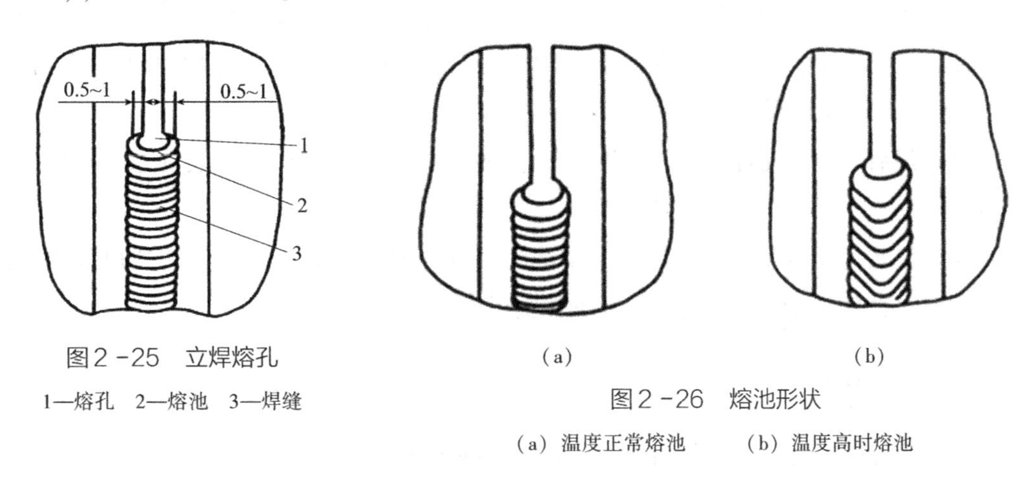

图2－25　立焊熔孔

1—熔孔　2—熔池　3—焊缝

（a）　　（b）

图2－26　熔池形状

（a）温度正常熔池　（b）温度高时熔池

每当焊完一根焊条收弧时，应将电弧向左或右下方回拉10～15 mm，并将电弧迅速拉长至熄灭，这样可以避免弧坑处出现缩孔，并使冷却后的熔池形成一个缓坡，有利于接头。

4. 焊道接头

采用热接法或冷接法接头，焊条倾角大于正常焊接角度10°，开始在弧坑下方10 mm的一侧坡口面上引弧，并摆动向上施焊，逐渐压低电弧到原弧坑处，待填满弧坑将电弧移至熔孔处时，电弧向焊根背面压送，稍作停留，根部被击穿并形成熔孔时，再横向摆动向上正常施焊，同时恢复正常角度。

知识链接

焊接结束时应该拉断电弧，称为收弧。如果收弧时立即拉断电弧则易产生弧坑，引起裂纹及气孔等缺陷。因此，应该合理地收弧，常用的收弧方法有以下三种。

（1）划圆圈收弧法：焊条移至焊道终点时，利用手腕动作使焊条尾端做圆圈运动，直到填满弧坑再拉断电弧。此方法适合厚板，薄板易烧穿。

（2）反复短弧收弧法：焊条移至焊道终点时，反复在弧坑处熄弧、引弧多次，直至弧坑填满。此为法适用于薄板和大电流焊接，但不适合碱性焊条。

（3）回焊收弧法：焊条移至焊道收尾处停止，但不熄弧，适当地改变焊条角度回焊一小段，相当于收尾处变成起头。此方法适用于碱性焊条。

二、填充焊

（1）填充层施焊前，应彻底清除前道焊道的熔渣、飞溅物，将焊缝接头处的焊瘤、过高物等打磨平整。

（2）填充焊一般为两层两道，施焊时的焊条角度比打底层下倾10°～15°，运条方法同打底层，摆动幅度增大，为防止焊缝形成凸起，焊缝两边要稍作停顿而中间部分快，各层焊道应平整或呈凹形。

（3）最后一层填充焊的焊缝高度应低于母材表面0.5～1.5 mm。要注意不能熔化坡口两侧的棱边，以便于掌握焊缝宽度。

（4）接头时要迅速更换焊条，在弧坑的上方约10 mm处引弧，然后把焊条拉至弧坑处，沿弧坑的形状将弧坑填满，即可正常施焊。

三、盖面焊

（1）施焊前应将前一层的熔渣和飞溅物清除干净。

（2）盖面层施焊时，焊条角度、运条和接头方法与填充层相同，焊条的摆动幅度要比填充层更宽，焊条摆动时两边稍慢而中间要快（避免焊瘤），摆到坡口两侧时应将电弧进一步压低，并稍作停顿，以避免咬边。接头处还应避免焊缝过高和脱节。

知识链接

一、焊接接头

用焊接方法连接的接头称为焊接接头（简称接头）。焊接接头由焊缝、熔合区和热影响区组成，如图2－27所示。

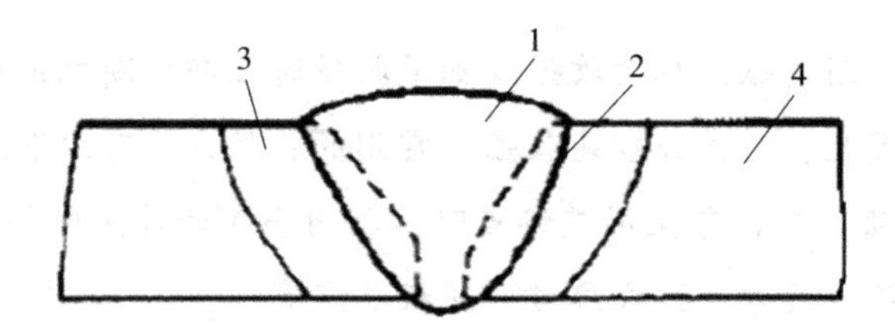

图2－27　焊接接头

1—焊缝；2—熔合区；3—热影响区；4—母材

熔焊焊接接头可有多种形式，最常见的典型接头有对接接头、T形接头、角接接头、搭接接头等。

1. 对接接头

两焊件表面构成大于或等于135°、小于或等于180°夹角的接头，即两焊件（板、棒、管）相对端面焊接而成的接头，称为对接接头，如图2－28所示。它是各种焊接结构中采用最多的一种接头形式。

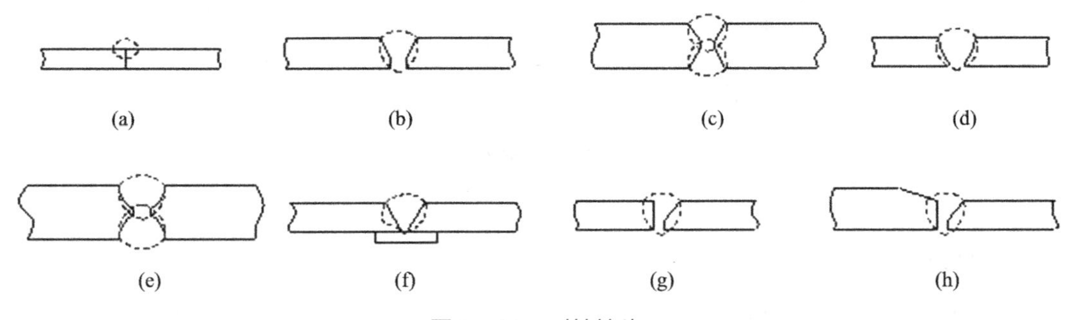

图2－28　对接接头

（a）I形坡口　（b）V形坡口　（c）双V坡口　（d）U形坡口
（e）双U形坡口　（f）带垫板的V形坡口　（g）单边V形坡口　（h）厚度削薄的单边V形坡口

2. T形接头

一焊件的端面与另一焊件表面构成直角或近似直角的接头，称为T形接头。这是一种用途仅次于对接接头的焊接接头，特别是造船厂船体结构中约70%的接头都采用这种形式。根据垂直板厚度的不同，T形接头的垂直板可开I形或单边V形、K形、J形或双J形等坡口，如图2－29所示。

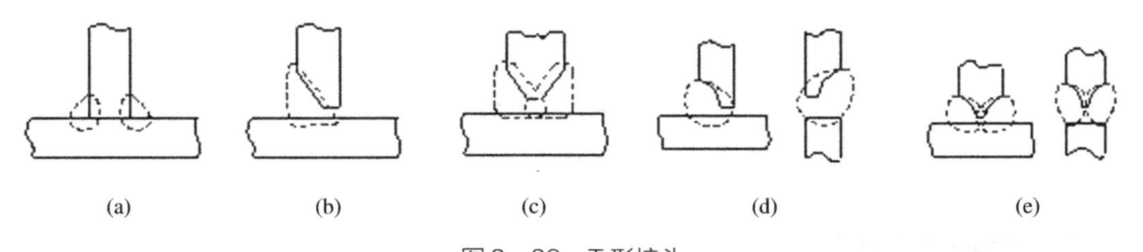

图2－29　T形接头

（a）I形坡口　（b）单边V形坡口　（c）K形坡口　（d）J形坡口　（e）双J形坡口

3. 角接接头

两板件端面间构成大于或等于30°、小于135°夹角的接头，称为角接接头，如图2－30所示。这种接头受力状况不太好，常用于不重要的结构中。根据焊件厚度不同，角接接头形式也可分为开I形坡口和开V形坡口。

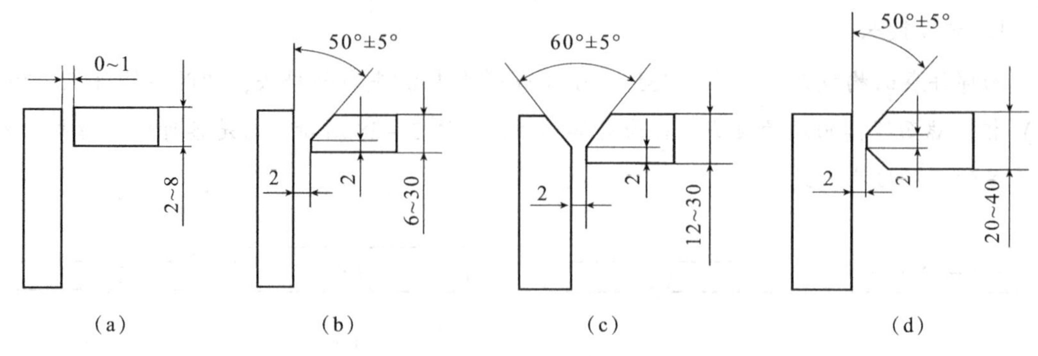

图2-30 角接接头

(a) 不开坡口 (b) 单边V形坡口 (c) V形坡口 (d) K形坡口

4. 搭接接头

两焊件部分重叠构成的接头称为搭接接头。根据结构形式和对强度的要求不同，搭接接头可分为开I形坡口、圆孔内塞焊以及长孔内角焊三种形式。开I形坡口的搭接接头采用双面焊接，这种接头强度较差，很少采用；当重叠钢板的面积较大时，为保证结构强度，根据需要可分别选用圆孔内塞焊和长孔内角焊的形式，这两种接头形式特别适用于被焊结构狭小处以及密闭的焊接结构，如图2-31所示。

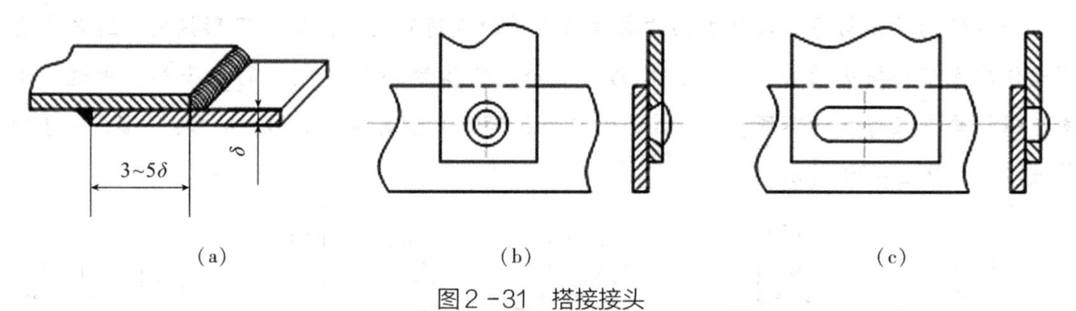

图2-31 搭接接头

(a) 开I形坡口 (b) 圆孔内塞焊 (c) 长孔内角焊

二、焊缝的基本形式

焊缝是焊件经焊接后所形成的结构形式。焊缝是构成焊接结构的主体，对接焊缝和角接焊缝是焊缝最基本的形式。焊缝具体分类如下。

(1) 按空间位置分为平焊缝、立焊缝、横焊缝、仰焊缝。

(2) 按结合方式分为对接焊缝、角焊缝、搭接焊缝。

(3) 按焊缝断续情况分为连续焊缝、断续焊缝。

(4) 按承载方式分为工作焊缝、联系焊缝。

注意事项

(1) 打底焊时应注意熔孔尺寸的控制。
(2) 焊条摆动到两侧坡口处时要稍作停留，保证两侧熔合良好，避免夹渣，并使填充焊道平整且略向下凹。
(3) 最后一层填充焊的焊缝高度应低于母材表面0.5～1.5 mm，不能熔化坡口两侧的棱边，以便于掌握焊缝宽度。
(4) 填充层施焊时，焊条与焊接方向的角度应逐渐增大，以保证焊缝成型。
(5) 填充焊的接头方法，在弧坑前10 mm处引弧，回焊至弧坑处，沿弧坑形状将弧坑填满，不需要下压电弧，然后再正常施焊。
(6) 盖面焊时要保证以每侧坡口熔化小于2 mm为宜。

步骤五　焊后检查

(1) 焊缝的起头和连接处平滑过渡，无局部过高现象，收尾处弧坑填满。
(2) 焊缝表面焊波均匀，无明显未熔合和咬边，其咬边深度≤0.5 mm为合格。
(3) 焊缝边缘直线度在任意300 mm连续焊缝长度内≤3 mm。
(4) 试件表面非焊道上不应有引弧痕迹。

验收记录见表2－18。

表2－18　验收记录

<table>
<tr><td colspan="2">项目名称</td><td colspan="3">低碳钢板对接立位焊</td><td>工程类别</td><td>E</td></tr>
<tr><td colspan="2">钢材型号</td><td colspan="3">Q235</td><td>材料</td><td>E4303</td></tr>
<tr><td colspan="2">部件规格</td><td colspan="3">250 mm×200 mm×10 mm</td><td>设备</td><td>BX3－300</td></tr>
<tr><td rowspan="2">检查记录</td><td>缺陷面积</td><td>咬边深度</td><td>表面度</td><td>焊缝长度</td><td>焊接工签字</td><td>检查日期</td></tr>
<tr><td></td><td></td><td></td><td></td><td></td><td></td></tr>
<tr><td>检查结论</td><td colspan="3">自检确认意见：
上述焊接表面观感检查已完成，焊接表面无气孔、夹渣、裂纹、未熔合，表面质量符合要求。
班（组）长：
年　月　日</td><td colspan="3">施工作业单位复查意见：
经复查，上述焊接表面质量符合焊接质量验收要求。
二级质检员：
年　月　日</td></tr>
</table>

注：本表仅作为表面质量观感检查用，如有缺陷，缺陷及处理情况应据实填写。

过程考核评价

低碳钢板对接立位焊过程考核评价见表2－19。

表2－19 低碳钢板对接立位焊过程考核评价表

项目二 低碳钢板对接立位焊					
学员姓名		学号		班级	日期
项目	考核项目	考核要求	配分	评分标准	得分
知识目标	设备连接和使用	能正确连接设备及使用工具	10	项目中的设备连接错误、工具使用错误或基本特性错误，一项扣2分	
	焊接参数设置	能根据材料设置合适的焊接参数	10	参数设置不正确扣5分	
能力目标	焊缝外观检查	正面焊缝余高 $0 \leq h \leq 3$ mm	5	超差不得分	
		背面焊缝余高 $0 \leq h \leq 2$ mm	5	超差不得分	
		正面焊缝余高差 $0 \leq h_1 \leq 2$ mm	5	超差不得分	
		正面焊缝每侧比坡口增宽1～3 mm	5	超差不得分	
		焊缝宽度差 $0 \leq c_1 \leq 3$ mm	5	超差不得分	
		焊后角变形 $\theta \leq 3°$	5	超差不得分	
		咬边深度≤0.5 mm，长度≤10 mm	5	超差不得分	
		无未焊透现象	5	出现缺陷不得分	
		错边量 ≤1.0 mm	3	超差不得分	
		无焊瘤、气孔	3	出现缺陷不得分	
		焊缝表面波纹均匀、成型美观	3	根据成型酌情扣分	
	弯曲试验	面弯合格	3	不合格不得分	
		背弯合格	3		
	时限	焊接必须在规定时限内完成	5	超时不得分	
方法及社会能力	过程方法	1．学会自主发现、自主探索的学习方法； 2．学会在学习中反思、总结，调整自己的学习目标，在更高水平上获得发展	10	根据工作中反思、创新见解、自主发现、自主探索的学习方法，酌情给5～10分	
	社会能力	小组成员间团结、协作，共同完成工作任务，养成良好的职业素养（工位卫生、工服穿戴等）	10	1．工作服穿戴不全扣3分； 2．工位卫生情况差扣3分	
实训总结		你完成本次工作任务的体会：（学到哪些知识，掌握哪些技能，有哪些收获？）			
得分					

工作小结

任务三

二氧化碳气体保护焊

03

二氧化碳气体保护焊是焊接方法中的一种，是以二氧化碳为保护气体进行焊接的方法（有时采用 CO_2 + Ar 的混合气体），其焊接过程如图 3－1 所示。

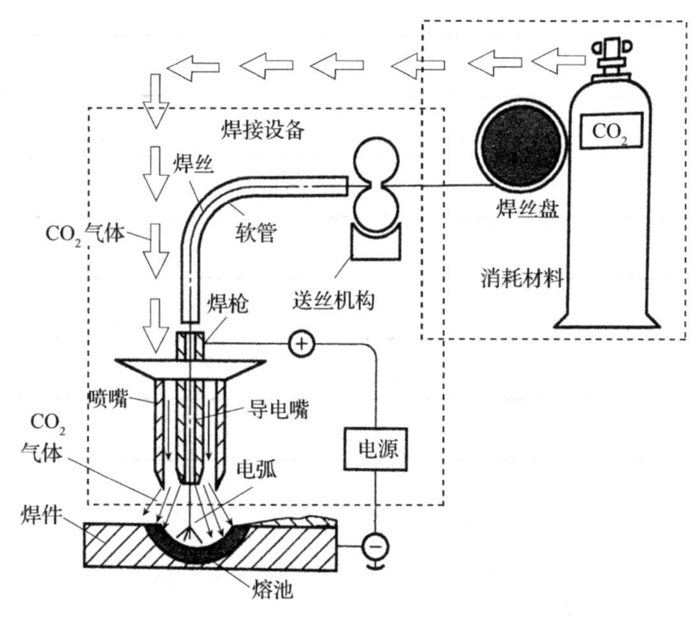

图 3－1　CO_2 气体保护焊焊接过程示意图

CO_2 气体保护焊在应用方面操作简单，适合自动焊和全方位焊，但在焊接时不能有风，适合室内作业。由于其成本低，且二氧化碳气体易生产，故广泛应用于各大小企业。由于二氧化碳气体的热物理性能的特殊影响，使用常规焊接电源时，焊丝端头熔化金属不可能形成平衡的轴向自由过渡，通常需要采用短路和熔滴缩颈爆断，因此与 MIG 焊自由过渡相比，飞溅较多。但如采用优质焊机，参数选择合适，其可以得到很稳定的焊接过程，使飞溅降低到最小。由于所用保护气体价格低廉，采用短路过渡时焊缝成型良好，加上使用含脱氧剂的焊丝即可获得无内部缺陷的高质量焊接接头，因此这种焊接方法目前已成为黑色金属材料最重要的焊接方法之一。

项目一　低碳钢板对接平位角焊

任务描述

图3-2　角焊缝在生产中的应用

低碳钢板对接平位角焊是焊接生产中应用极为广泛的焊接类型，因焊接结构中焊缝位置处于平位，生产率高，焊接速度快，故成为各类结构生产最主要的焊缝，我国2008年奥运会主会场鸟巢中有多数焊缝就是采用平位角焊位置来进行焊接的（图3-2）。

现根据图纸（见图3-3）和技术要求加工一定坡口，然后按照一定的工艺进行焊接，焊后经过检测合格，转入下一道工序，4天内完成（一天8工时，共计32工时）。

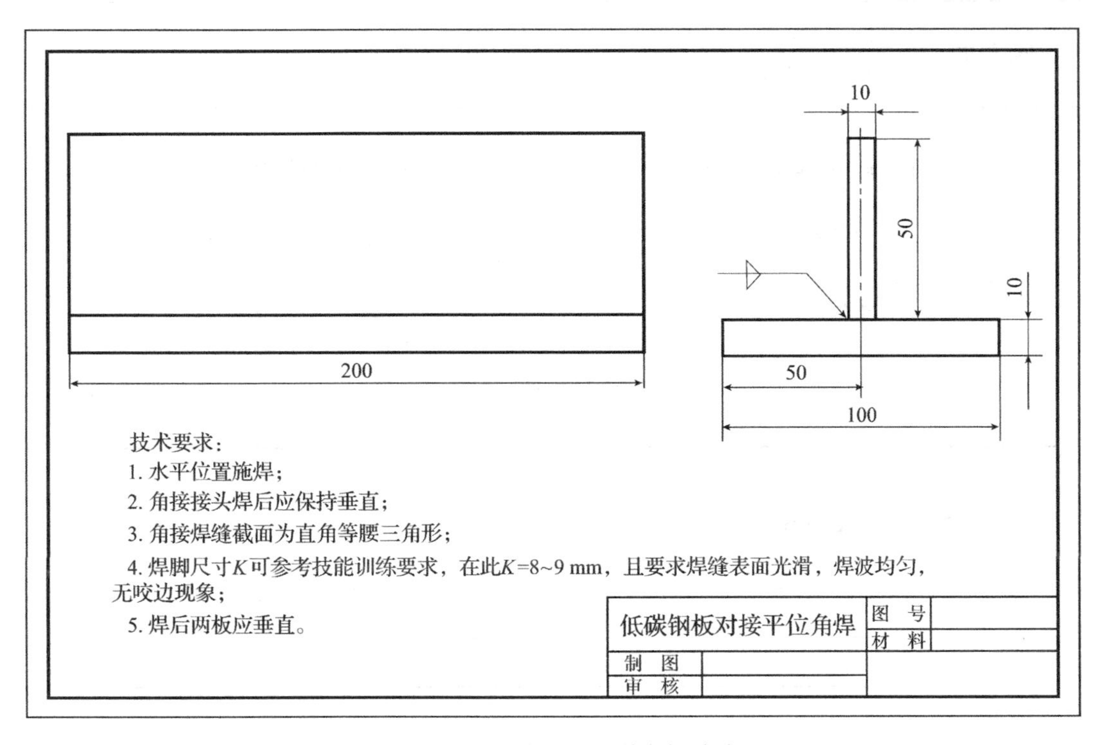

10
50
10
200
50
100
技术要求：
1. 水平位置施焊；
2. 角接接头焊后应保持垂直；
3. 角接焊缝截面为直角等腰三角形；
4. 焊脚尺寸K可参考技能训练要求，在此K=8~9 mm，且要求焊缝表面光滑，焊波均匀，无咬边现象；
5. 焊后两板应垂直。
低碳钢板对接平位角焊
图　号
材　料
制　图
审　核

图3-3　低碳钢板对接平位角焊试件图

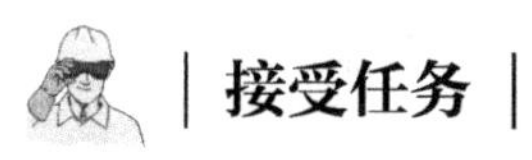

接受任务

低碳钢板对接平位焊派工单见表 3－1。

表3－1 派工单

工作地点	机械加工车间	工 时	32	任务接受人	
派工人		派工时间		完成时间	
技术标准	《机械制造工艺文件完整性》（GB/T 24738—2009）				
工作内容	根据提供的资源，使用 CO_2 气体保护焊设备完成钢板的平位角焊焊接，验收合格后交付给生产部负责人。				
其他附件	1. 试件材料：Q235。 2. 试件尺寸：200 mm × 100 mm × 50 mm。 3. 焊接要求：单面焊双面成型。 4. 焊接材料：焊丝 E49－1（H08Mn2SiA），直径 1. 2 mm。 5. 焊接设备：NBC1－300 型，直流反转。 6. 辅助器具：护目镜等。				
任务要求	1. 工时：32h。 2. 按图加工。				
验收结果	操作者自检结果： ☐ 合格 ☐ 不合格 签名： 年 月 日			检验员检验结果： ☐ 合格 ☐ 不合格 签名： 年 月 日	

根据上面的图纸试分析技术要求：

1. ______________________________

2. ______________________________

3. ______________________________

任务实施

让我们按下面的步骤进行本项目的实施操作吧！

步骤一　焊前准备

一、作业现场安全检查

作业现场安全检查见表3－2。

表3－2　作业现场安全检查表

<table>
<tr><td colspan="2">检查时间</td><td></td><td>检查地点</td><td></td></tr>
<tr><td colspan="2">项目负责人</td><td></td><td>检查人</td><td></td></tr>
<tr><td>序号</td><td>检查项目</td><td colspan="2">检查内容</td><td>检查结果</td></tr>
<tr><td rowspan="2">1</td><td rowspan="2">焊接人员及防护</td><td colspan="2">1. 焊接人员有特殊工种操作证；</td><td></td></tr>
<tr><td colspan="2">2. 焊接时正确穿戴和使用手套、面罩。</td><td></td></tr>
<tr><td rowspan="5">2</td><td rowspan="5">焊接设备及场地</td><td colspan="2">1. 焊接作业点的设备、工具、材料排列整齐；</td><td></td></tr>
<tr><td colspan="2">2. 焊接设备、焊机、钢瓶、电缆及其他器具放置稳妥，并保持良好的秩序；</td><td></td></tr>
<tr><td colspan="2">3. 焊接区域有明确标识，并且有必要的警告标志；</td><td></td></tr>
<tr><td colspan="2">4. 焊工作业面积不应小于4 m^2，地面应干燥，工作场地应有良好的自然采光或局部照明；</td><td></td></tr>
<tr><td colspan="2">5. 焊接场地周围10 m范围内，各类可燃易爆物品清除干净。</td><td></td></tr>
<tr><td rowspan="5">3</td><td rowspan="5">工夹具安全检查</td><td colspan="2">1. 电焊钳与焊接电缆接头牢固；</td><td></td></tr>
<tr><td colspan="2">2. 面罩和护目镜遮挡严密，无漏光的现象；</td><td></td></tr>
<tr><td colspan="2">3. 砂轮转动正常，无漏电的现象，砂轮片已经紧固牢靠，无裂纹、破损；</td><td></td></tr>
<tr><td colspan="2">4. 锤子、扁铲、錾子边缘无毛刺、裂痕且稳固；</td><td></td></tr>
<tr><td colspan="2">5. 带有螺钉的夹具，其上的螺钉转动灵活，无锈蚀。</td><td></td></tr>
</table>

二、CO_2 气体保护焊设备

（1）CO_2 焊机主要由焊接电源、焊枪及送丝机构、CO_2 供气装置、控制系统等组成，如图 3－4 所示。按操作方式可分为 CO_2 半自动焊和 CO_2 自动焊。

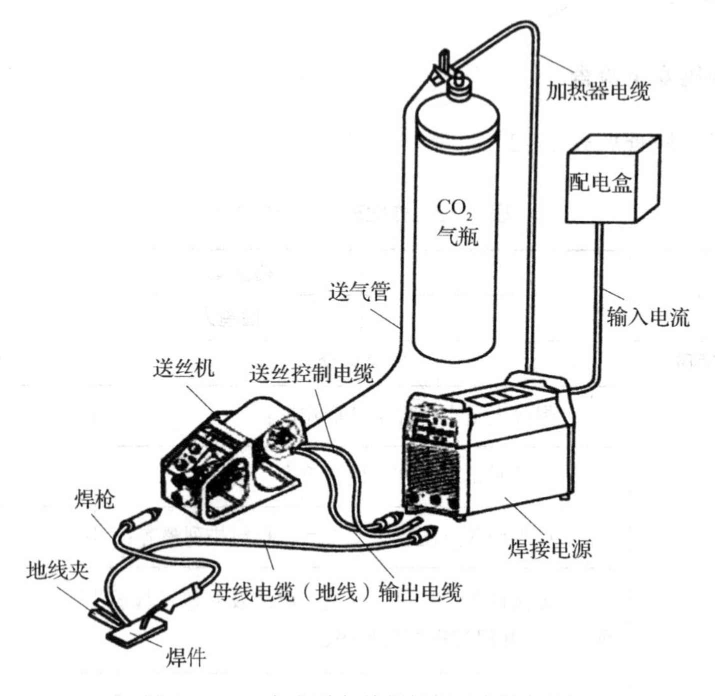

图3－4　二氧化碳气体保护焊设备连接图

（2）CO_2 半自动焊送丝机构为等速送丝，其送丝方式有推丝式、拉丝式和推拉式三种，如图 3－5 所示。

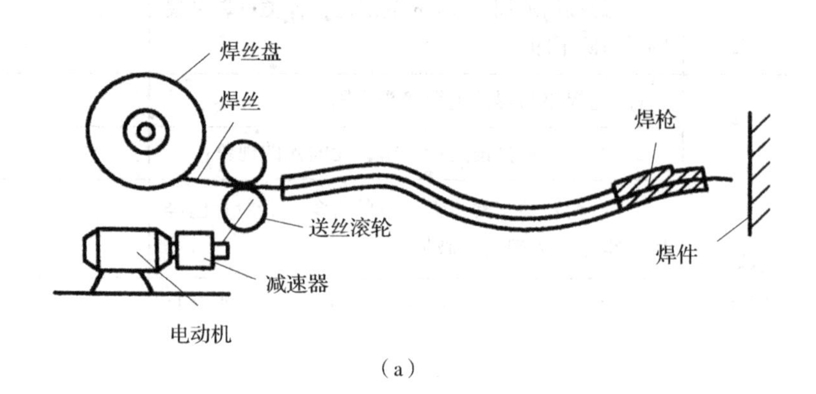

（a）

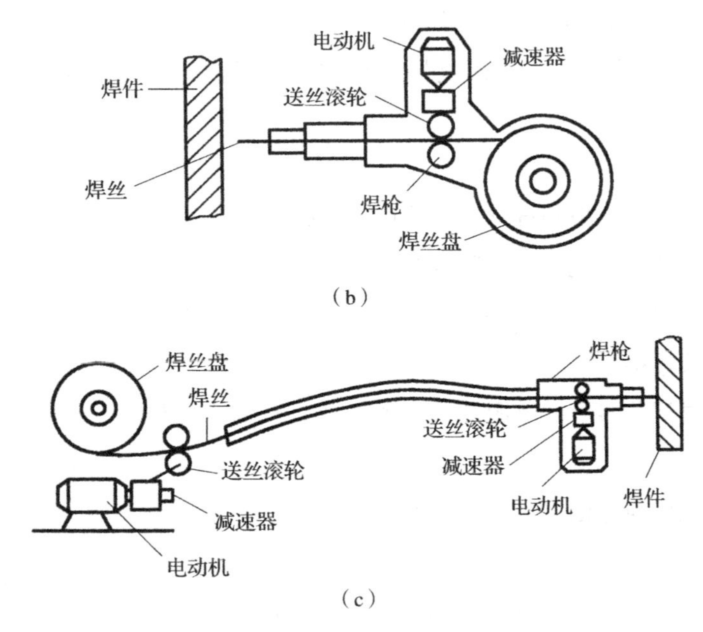

（b）

（c）

图3－5　二氧化碳气体半自动焊送丝机构

（a）推丝式　（b）拉丝式　（c）推拉式

三、CO_2 气体保护焊设备连接

选用 NBC1－300 型 CO_2 半自动焊机，配有平硬外特性电源、CO_2 气瓶减压流量调节器，其焊机接线如图 3－6 所示。配用推丝式送丝机构。

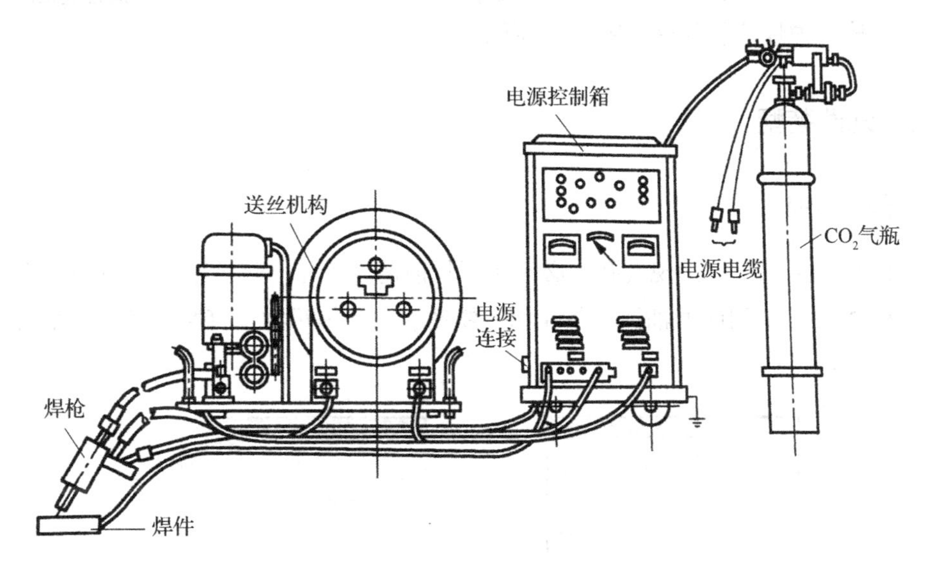

图3－6　NBC1－300 型 CO_2 半自动焊机接线图

（1）焊机的接线操作步骤及要求如下。

①查明焊机电源所规定的输入电压、相数、频率，确保与电网相符后，再接入配电盘。

②电源接地线。

③焊机电源输出端负极与母材连接，正极与焊枪供电部分连接。

④连接控制箱和送丝机构的控制电缆。

⑤安装 CO_2 气体减压流量调节器，并将出气口减速器电动机与送丝机构的气管连接。

⑥将减压流量调节器上的电源插头（预热作用）插入焊机的专用插座上。

⑦焊丝送丝机构与焊枪连接。

（2）焊机操作如下。

①接通配电盘开关，合上电源控制箱上的转换开关，这时电源指示灯亮，电源电路进入工作状态。

②扣动焊枪开关，打开气阀调节 CO_2 气体流量。

③将送丝机构上的焊丝嵌入滚轮槽里，按下加压杠杆调整压力，并把焊丝送入焊枪。点动焊枪开关使焊丝伸出导电嘴 20 mm 左右。操作准备时应注意使焊丝和焊枪远离焊件，以防短路。

CO_2 气体保护焊控制程序如图 3－7 所示。

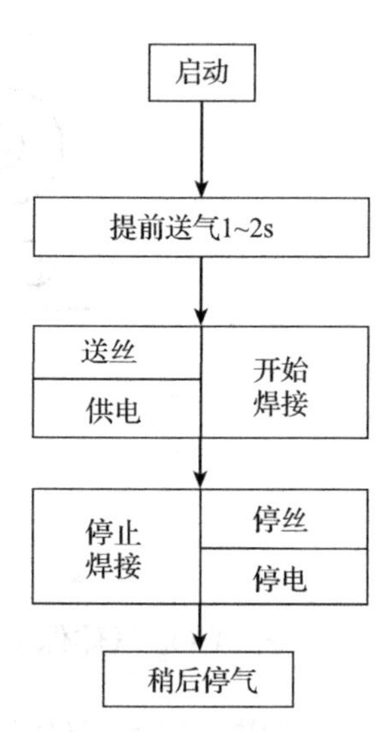

图3－7　CO_2 气体保护焊控制程序图

步骤二　试件装配

一、焊前清理

为了防止焊接过程中出现气孔，必须重视焊前清理工作。焊前清理坡口面及靠近坡口上、下两侧 20 mm 范围内的油活、氧化物、铁锈、水分等污物，打磨干净，直至露出金属光泽，如图 3－8 所示。

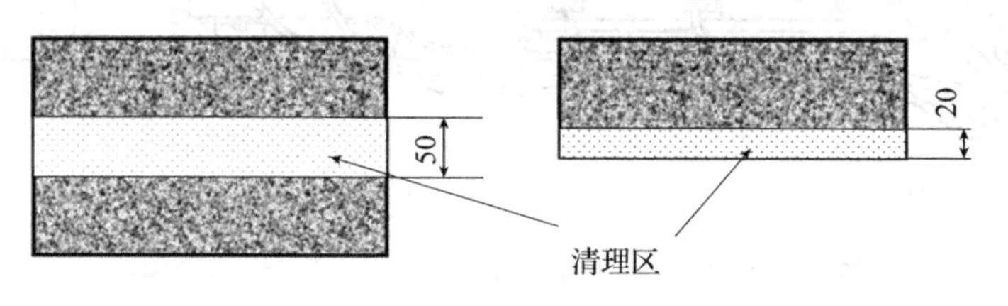

图3－8　试件清理

二、装配及定位焊

首先将焊件装配成90°T形接头（或十字接头），不留间隙，采用焊正式焊缝用的焊条进行定位焊，它的位置应该在焊件两端的前后对称处，四条定位焊缝长度均为10～15 mm。如图3－9所示。装配完矫正焊件，保证立板的垂直度。

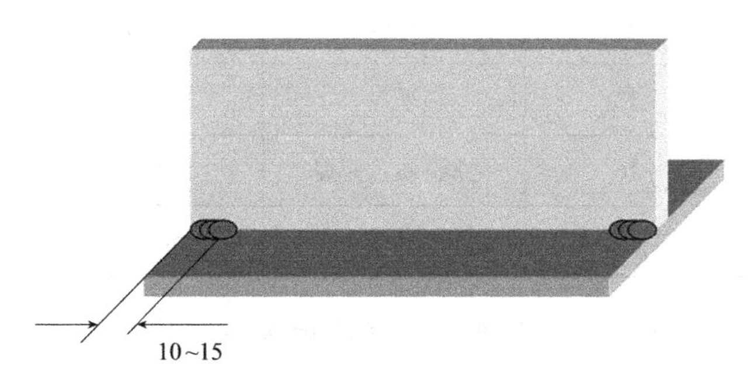

图3－9　试件装配

步骤三　确定焊接工艺参数

低碳钢板对接平位角焊工艺参数见表3－3。

表3－3　低碳钢板对接平位角焊工艺参数

焊接层数	焊条直径（mm）	焊接电流（A）
第一层	3.2	130～140
第二层	3.2	120～130
第三层	4.0	170～190

知识链接

CO_2气体保护焊的焊接工艺参数主要包括焊丝直径、焊接电流、电弧电压、焊接速度、焊丝伸出长度、气体流量、电源极性等。焊接电流与工件的厚度、焊丝直径、施焊位置以及熔滴过渡形式有关，通常用直径为0.8～1.6 mm的焊丝；在短路过渡时，焊接电流在50～230 A范围内选择；粗滴过渡时，焊接电流在250～500 A范围内选择。焊接电流与其他焊接条件的关系见表3－4。

表3－4　焊接电流与其他焊接条件的关系

焊丝直径（mm）	焊件厚度（mm）	施焊位置	焊接电流（A）	熔滴过渡形式
0.5～0.8	1～2.5	各种位置	50～160	短路过渡
	2.5～4	平焊	150～250	粗滴过渡
1.0～1.2	2～8	各种位置	90～180	短路过渡
	2～12	平焊	220～300	粗滴过渡
≥1.6	3～16	立、横、仰焊	100～180	短路过渡
	>6	平焊	350～500	粗滴过渡

除上述参数外，焊枪角度、焊枪与母材的距离等因素对焊接质量也有影响，如图3－10所示。

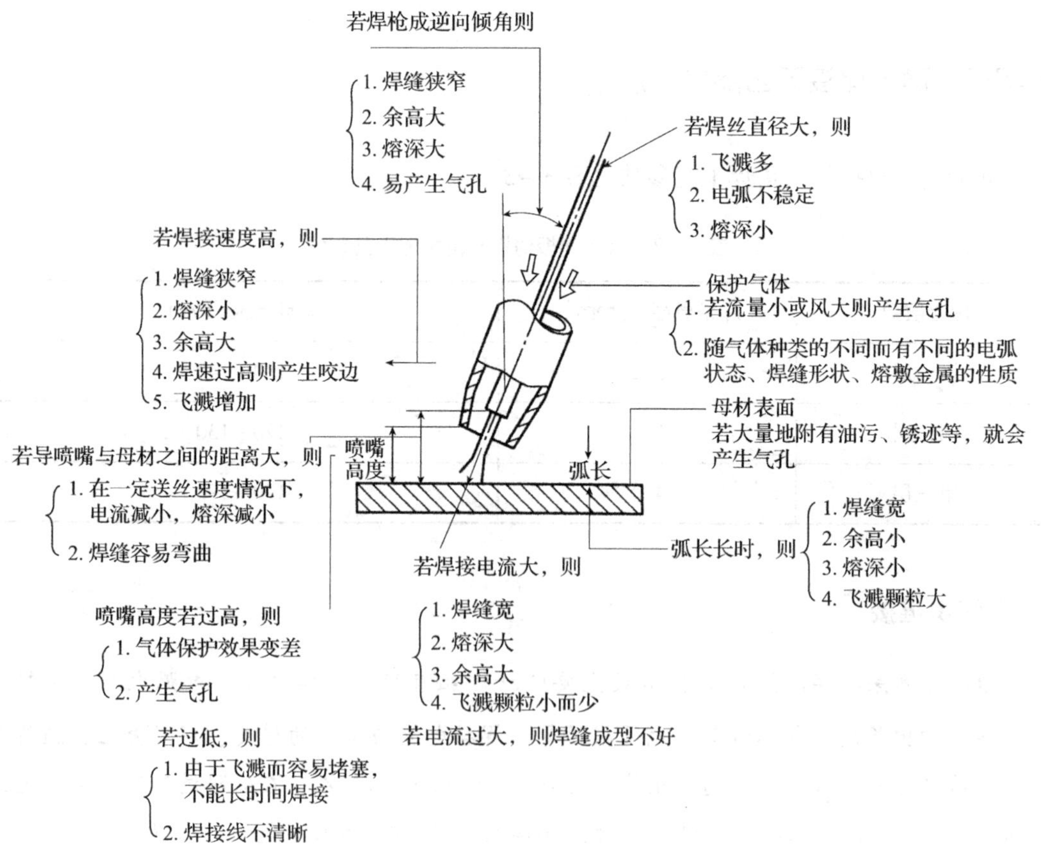

图3－10　焊接条件对焊接质量的影响

步骤四　焊接过程

一、起头引弧点的设定

起头引弧点的设定如图 3－11 所示。

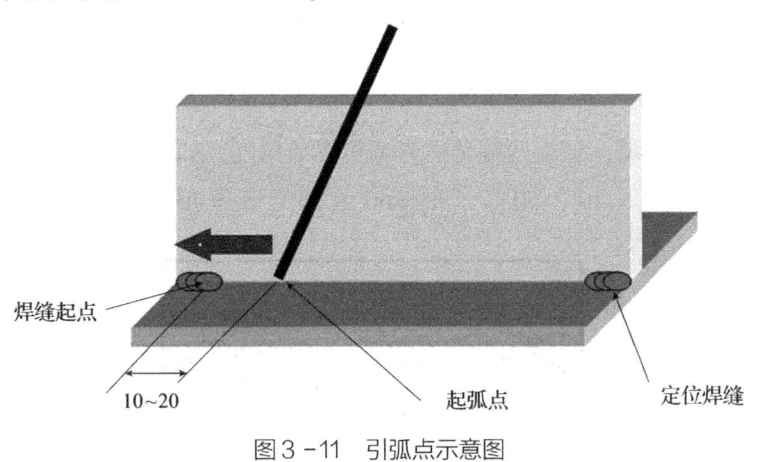

图 3－11　引弧点示意图

二、焊道分布

本任务施焊为三层六道焊，如图 3－12 所示。

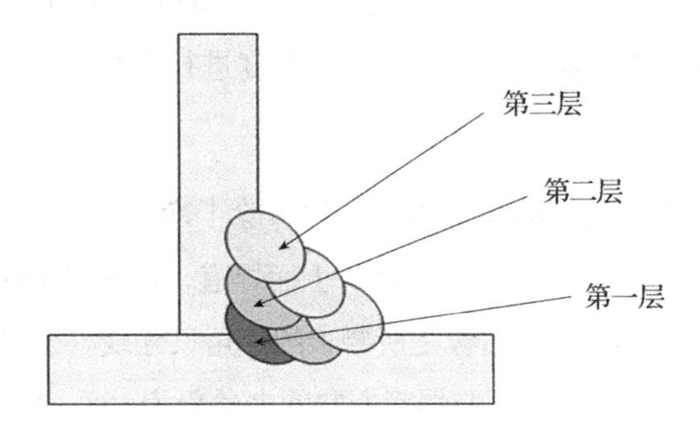

图 3－12　焊道分布图

三、根部焊

1. 焊条角度和运条方法

根部平角焊的焊条角度如图 3－13 所示。根部焊道在试板左侧引弧，采用直线运条方法短弧焊接，较大的焊接电流向右施焊，焊接速度要均匀，电弧对准顶角，压低电弧，顶角和两侧试板熔合好。

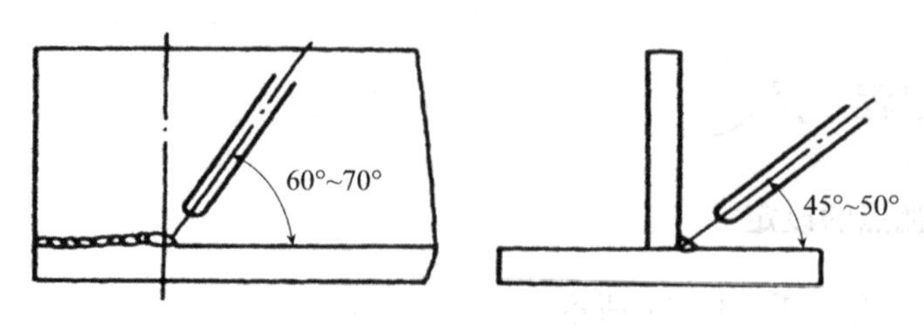

图3－13 根部焊条角度示意图

2. 焊缝始焊端和终焊端焊条角度

焊接时有磁偏吹现象，试板两端要适当调整焊条角度，如图 3－14 所示，有

$$\alpha_1=40°\sim50° \quad \alpha_2=60°\sim70° \quad \alpha_3=40°\sim50°$$

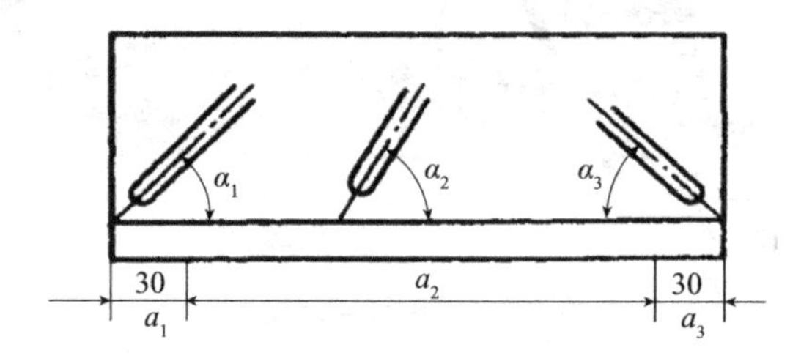

图3－14 焊条角度示意图

3. 焊道的接头

接头在弧坑前 10 mm 处引弧，回焊至弧坑处，沿弧坑形状将弧坑填满，再正常焊接。在收尾处注意防止磁偏吹的影响，可以改变焊条角度进行调整。

4. 填充焊

（1）填充焊施焊前先将根部的焊渣与飞溅物清除干净。

（2）填充焊共焊两道，先焊下面焊道，后焊上面焊道。焊下面焊道时，应覆盖第一层焊道的2/3 以上，并且保证这条焊道的下边缘是所要求的焊角尺寸线（对准根部焊道的下沿）。这时的焊条与水平板的角度为 50°～60°，与焊接方向的夹角仍为 60°～70°，采用直线运条。焊上面焊道时，应覆盖下面焊道的 1/3～1/2，焊条的落点在立板与根部焊道的夹角处，焊条与水平板的角度为 45°～50°，仍采用直线运条（可稍微横向摆动）。焊条角度如图 3－15 所示。

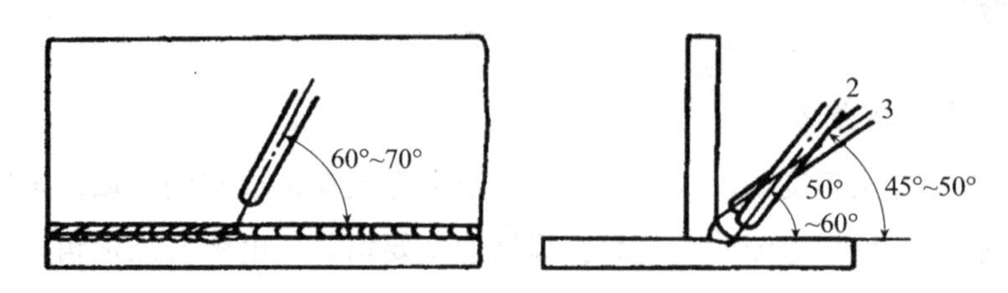

图3－15 填充焊焊条角度示意图

（3）整条焊缝应该宽窄一致、平滑圆整、略呈凹形，避免立板侧出现咬边，焊脚下偏等缺陷。

知识链接

焊枪的运动方法有左向焊法和右向焊法两种。焊枪自右向左移动称为左向焊法，自左向右移动称为右向焊法，如图 3－16 所示。

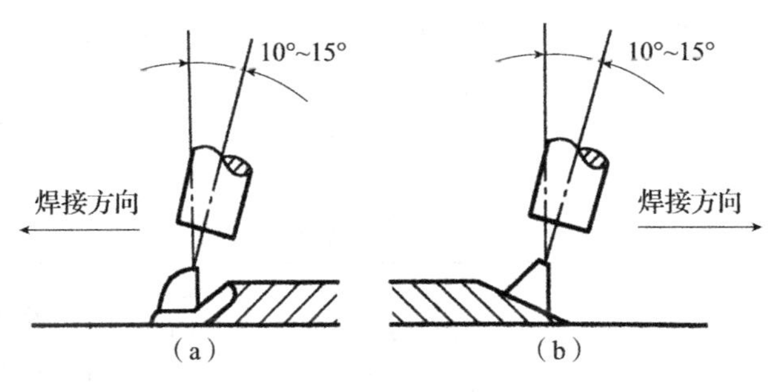

图 3－16　焊枪的运动方向

（a）左向焊法　（b）右向焊法

（1）采用左向焊法操作时，电弧的吹力作用在熔池及其前沿处，将熔池金属向前推延，由于电弧不直接作用在母材上，因此熔深较浅，焊道平坦且变宽，飞溅较大，保护效果好。采用左向焊法虽然观察熔池存在困难，但易于掌握焊接方向，不易焊偏。

（2）采用右向焊法操作时，电弧直接作用到母材上，熔深较大，焊道窄而高，飞溅略小，但不易准确掌握方向，容易焊偏，尤其是对接焊时更明显。

一般 CO_2 焊时均采用左向焊法，前倾角为 10°～15°。

各种焊接接头应用左向焊法和右向焊法的特点比较见表 3－5。

表 3－5　各种焊接接头应用左向焊法和右向焊法的特点比较

接头形式	左焊法	右焊法
薄板焊接（板厚0.8~4.5mm） p b	可得到稳定的背面成型；焊缝余高校，宽度较大；*b* 大时焊枪作摆动，容易看到焊缝线	易烧穿；不易得到稳定的背面成型；焊缝高而窄；*b* 大时较难焊接
中厚板单面焊双面成型焊接 p b	可以得到稳定的背面成型；*b* 大时焊枪作摆动，根部易焊好	易烧穿；不易得到稳定的背面成型；*b* 大时马上烧穿

（续）

接头形式	左焊法	右焊法
平角焊，焊脚高度8mm以下 90°	因容易看到焊接线能正确地瞄准焊缝；飞溅较大	不易看到焊接线，但能看到余高；余高易呈圆弧状；飞溅较小；根部熔深大
船形焊，焊脚尺寸达10mm以上	焊缝余高呈凹形；因熔化金属向焊枪前流动，焊趾部易形成咬边；根部熔深浅（易发生未焊透）；摆动焊枪易生成咬边，焊脚高度大时焊接难度高	余高平滑；不易发生咬边；根部熔深大；焊缝宽度、余高容易控制
横焊（Ⅰ形坡口，V形坡口）	容易看清焊接线；在间隙较大时，能防止焊件烧穿；焊缝整齐	电弧熔深大，易烧穿；焊道成型不良；窄而高；焊缝熔宽及余高不易控制；易产生焊瘤

四、盖面焊

盖面焊共焊三道，操作方法与填充层基本相同。

注意事项

(1) 操作姿势正确。

(2) 焊缝平整，焊波基本均匀，无焊瘤、塌陷、凹坑。

(3) 焊缝局部咬边不应该大于0.5 mm。

(4) 多层多道焊时，最外层表面焊接的各焊道之间堆焊过程中的熔渣不要随即清除，应待焊接结束后一起清除。

(5) 焊前装配焊件时，要考虑焊件焊后产生变形的可能性，采用一定量反变形或采用刚性固定法，如图3-17所示。

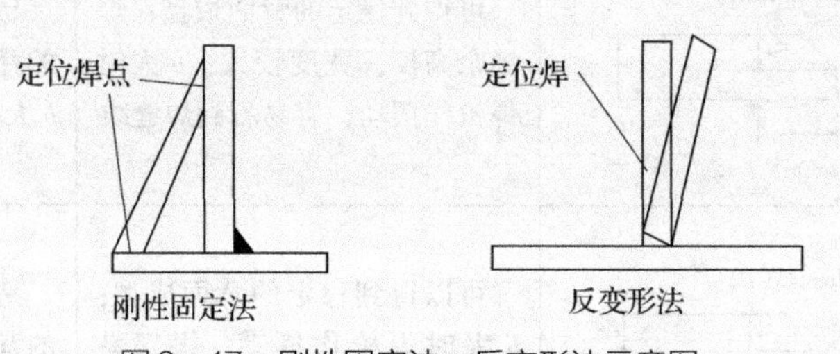

图3-17 刚性固定法、反变形法示意图

(6) 焊脚在平板和立板间的分布应对称且过渡圆滑。

步骤五　焊后检查

（1）焊缝的起头和连接处平滑过渡，无局部过高现象，收尾处弧坑填满。

（2）焊缝表面焊波均匀，无明显未熔合和咬边，其咬边深度≤0.5 mm 为合格。

（3）焊缝边缘直线度在任意 300 mm 连续焊缝长度内≤3 mm。

（4）试件表面非焊道上不应有引弧痕迹。

验收记录见表 3－6。

表 3－6　验收记录

<table>
<tr><td colspan="2">项目名称</td><td colspan="3">低碳钢板对接平位角焊</td><td colspan="2">工程类别</td><td>E</td></tr>
<tr><td colspan="2">钢材型号</td><td colspan="3">Q235</td><td>材料</td><td colspan="2">E49－1</td></tr>
<tr><td colspan="2">部件规格</td><td colspan="3">200 mm×100 mm×10 mm</td><td>设备</td><td colspan="2">NBC1－300</td></tr>
<tr><td rowspan="2">检查记录</td><td>缺陷面积</td><td>咬边深度</td><td>表面度</td><td>焊缝长度</td><td colspan="2">焊接工签字</td><td>检查日期</td></tr>
<tr><td></td><td></td><td></td><td></td><td colspan="2"></td><td></td></tr>
<tr><td>检查结论</td><td colspan="3">自检确认意见：
上述焊接表面观感检查已完成，焊接表面无气孔、夹渣、裂纹、未熔合，表面质量符合要求。
班（组）长：
年　月　日</td><td colspan="4">施工作业单位复查意见：
经复查，上述焊接表面质量符合焊接质量验收要求。
二级质检员：
年　月　日</td></tr>
</table>

注：本表仅作为表面质量观感检查用，如有缺陷，缺陷及处理情况应据实填写。

过程考核评价

低碳钢板对接平位角焊过程考核评价见表3－7。

表3－7　低碳钢板对接平位角焊过程考核评价表

项目一　低碳钢板对接平位角焊					
学员姓名		学号		班级	日期
项目	考核项目	考核要求	配分	评分标准	得分
知识目标	设备连接和使用	能正确连接设备及使用工具	10	项目中的设备连接错误、工具使用错误或基本特性错误，一项扣2分	
	焊接参数设置	能根据材料设置合适的焊接参数	10	参数设置不正确扣5分	
能力目标	焊缝外观检查	正面焊缝余高 $0\leqslant h\leqslant 3$ mm	5	超差不得分	
		背面焊缝余高 $0\leqslant h\leqslant 2$ mm	5	超差不得分	
		正面焊缝余高差 $0\leqslant h_1\leqslant 2$ mm	5	超差不得分	
		正面焊缝每侧比坡口增宽1～3 mm	5	超差不得分	
		焊缝宽度差 $0\leqslant c_1\leqslant 3$ mm	5	超差不得分	
		焊后角变形 $\theta\leqslant 3°$	5	超差不得分	
		咬边：深度≤0.5 mm 长度≤10 mm	5	超差不得分	
		无未焊透现象	5	出现缺陷不得分	
		错边量≤1.0 mm	3	超差不得分	
		无焊瘤、气孔	3	出现缺陷不得分	
		焊缝表面波纹均匀、成型美观	3	根据成型酌情扣分	
	弯曲试验	面弯合格	3	不合格不得分	
		背弯合格	3		
	时限	焊接必须在规定时限内完成	5	超时不得分	
方法及社会能力	过程方法	1. 学会自主发现、自主探索的学习方法； 2. 学会在学习中反思、总结，调整自己的学习目标，在更高水平上获得发展	10	根据工作中反思、创新见解、自主发现、自主探索的学习方法，酌情给5～10分	
	社会能力	小组成员间团结、协作，共同完成工作任务，养成良好的职业素养（工位卫生、工服穿戴等）	10	1. 工作服穿戴不全扣3分； 2. 工位卫生情况差扣3分	

（续）

实训总结	你完成本次工作任务的体会：（学到哪些知识，掌握哪些技能，有哪些收获?）
得分	

工作小结

项目二　低碳钢板对接立位角焊

任务描述

立焊是指与水平面相垂直的立位焊缝的焊接。根据焊条的移动方向，立焊焊接方法可分为两类：一类是自上向下焊，需特殊焊条才能进行施焊，故应用少；另一类是自下向上焊，采用一般焊条即可施焊，故应用广泛，如图 3－18 所示。

图3－18　立位角焊缝在生产中的应用

现根据图纸（见图 3－19）和技术要求加工一定坡口，然后按照一定的工艺进行焊接，焊后经过检测合格，转入下一道工序，4 天内完成（一天 8 工时，共计 32 工时）。

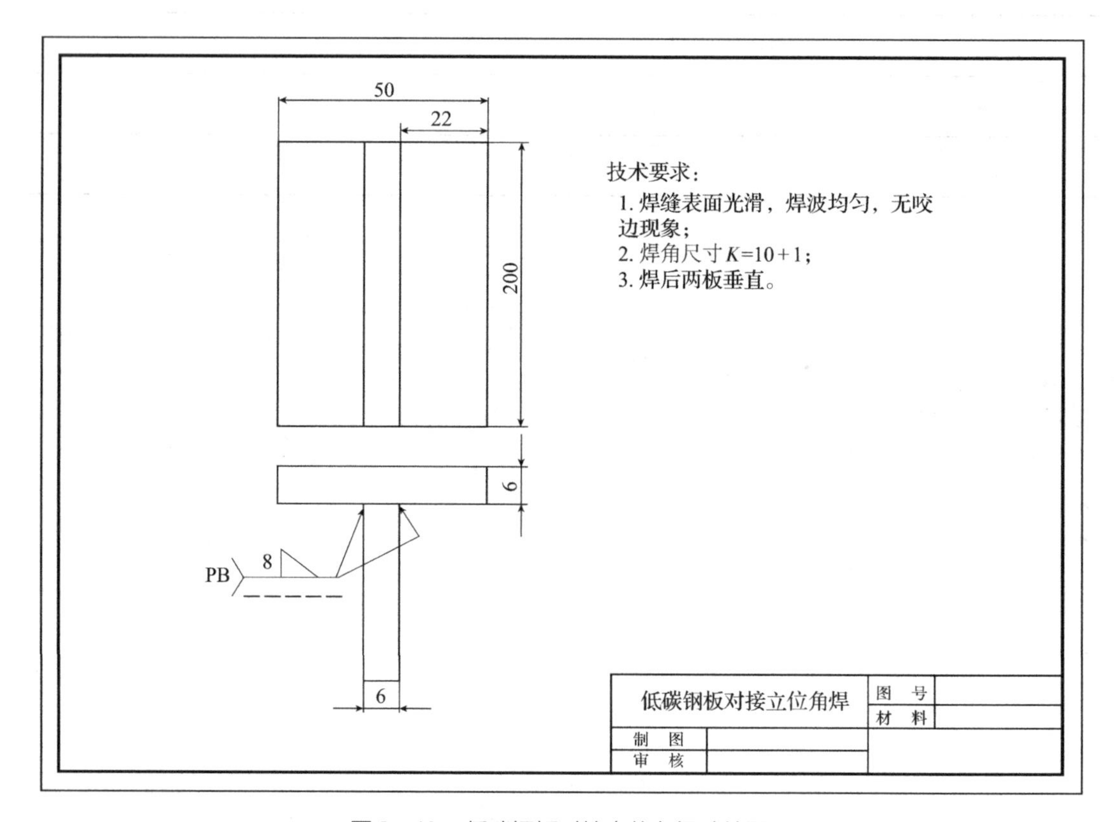
50
22
200
6
6
8
PB
技术要求：
1. 焊缝表面光滑，焊波均匀，无咬边现象；
2. 焊角尺寸K=10+1；
3. 焊后两板垂直。
低碳钢板对接立位角焊
图　号
材　料
制　图
审　核

图3－19　低碳钢板对接立位角焊试件图

接受任务

低碳钢板对接平位焊派工单见表3-8。

表3-8　派工单

工作地点	机械加工车间	工 时	32	任务接受人	
派工人		派工时间		完成时间	
技术标准	《机械制造工艺文件完整性》(GB/T 24738—2009)				
工作内容	根据提供的资源，使用CO_2气体保护焊设备完成钢板的立位角焊焊接，验收合格后交付给生产部负责人。				
其他附件	1. 试件材料：Q235。 2. 试件尺寸：200 mm×50 mm×6 mm。 3. 焊接要求：单面焊双面成型。 4. 焊接材料：焊丝E49-1（H08Mn2SiA），直径1.2 mm。 5. 焊接设备：NBC1-300型，直流反转。 6. 辅助器具：护目镜等。				
任务要求	1. 工时：32h。 2. 按图加工。				
验收结果	操作者自检结果： □ 合格　□ 不合格 签名： 年　月　日			检验员检验结果： □ 合格　□ 不合格 签名： 年　月　日	

根据上面的图纸试分析技术要求：

1. ______________________

2. ______________________

3. ______________________

注意事项

立位角焊较平位角焊操作困难，具有下列特点：

(1) 铁水与熔渣因自重下坠，故易分离，但熔池温度过高时，铁水易下流形成焊瘤、咬边，而温度过低时，易产生夹渣缺陷；

(2) 易掌握熔透情况，但焊缝成型不良；

(3) T 形接头焊缝根部易产生未焊透现象，焊缝两侧易出现咬边缺陷；

(4) 焊接生产效率较平焊低；

(5) 焊接时宜选用短弧焊；

(6) 操作技术难掌握。

任务实施

让我们按下面的步骤进行本项目的实施操作吧！

步骤一 焊前准备

一、 作业现场安全检查

作业现场安全检查见表 3－9。

表 3－9 作业现场安全检查表

<table>
<tr><td colspan="2">检查时间</td><td></td><td>检查地点</td><td></td></tr>
<tr><td colspan="2">项目负责人</td><td></td><td>检查人</td><td></td></tr>
<tr><td>序号</td><td>检查项目</td><td colspan="2">检查内容</td><td>检查结果</td></tr>
<tr><td rowspan="2">1</td><td rowspan="2">焊接人员及防护</td><td colspan="2">1. 焊接人员有特殊工种操作证；</td><td></td></tr>
<tr><td colspan="2">2. 焊接时正确穿戴和使用手套、面罩。</td><td></td></tr>
<tr><td rowspan="5">2</td><td rowspan="5">焊接设备及场地</td><td colspan="2">1. 焊接作业点的设备、工具、材料排列整齐；</td><td></td></tr>
<tr><td colspan="2">2. 焊接设备、焊机、钢瓶、电缆及其他器具放置稳妥，并保持良好的秩序；</td><td></td></tr>
<tr><td colspan="2">3. 焊接区域有明确标识，并且有必要的警告标志；</td><td></td></tr>
<tr><td colspan="2">4. 焊工作业面积不应小于 4 m^2，地面应干燥，工作场地应有良好的自然采光或局部照明；</td><td></td></tr>
<tr><td colspan="2">5. 焊接场地周围 10 m 范围内，各类可燃易爆物品清除干净。</td><td></td></tr>
</table>

（续）

3	工夹具安全检查	1. 电焊钳与焊接电缆接头牢固；	
		2. 面罩和护目镜遮挡严密，无漏光的现象；	
		3. 砂轮转动正常，无漏电的现象，砂轮片已经紧固牢靠，无裂纹、破损；	
		4. 锤子、扁铲、錾子边缘无毛刺、裂痕且稳固；	
		5. 带有螺钉的夹具，其上的螺钉转动灵活，无锈蚀。	

二、CO_2 气体保护焊设备及材料准备

CO_2 气体保护焊设备及材料准备填写表 3－10。

表 3－10　设备及材料准备

序号	设 备	焊接材料	工 具	量 具
1				
2				
3				

步骤二　试件装配

一、试件清理

为了防止焊接过程中出现气孔，必须重视焊前清理工作。焊前清理坡口面及靠近坡口上、下两侧 20 mm 范围内的油污、氧化物、铁锈，水分等污物，打磨干净，直至露出金属光泽，如图 3－20 所示。

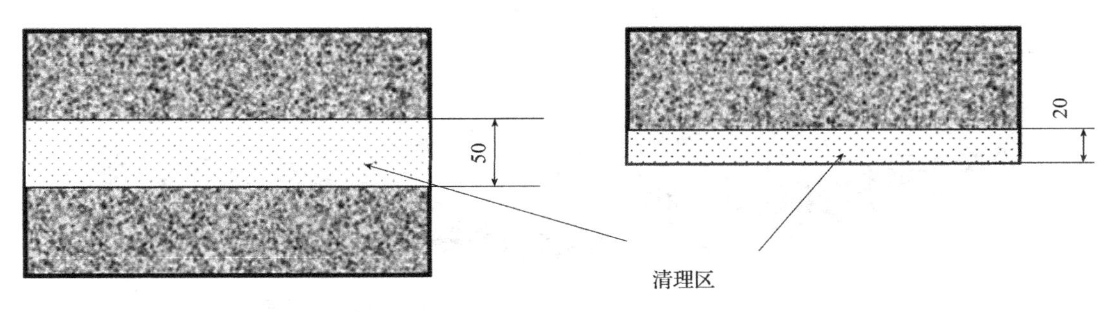

图 3－20　试件清理

二、装配及定位焊

首先将焊件装配成90°T形接头（或十字接头），不留间隙，采用焊正式焊缝用的焊条进行定位焊，其位置应该在焊件两端的前后对称处，四条定位焊缝长度均为1 ~ 15 mm，如图3 -21所示。装配完矫正焊件，保证立板的垂直度。

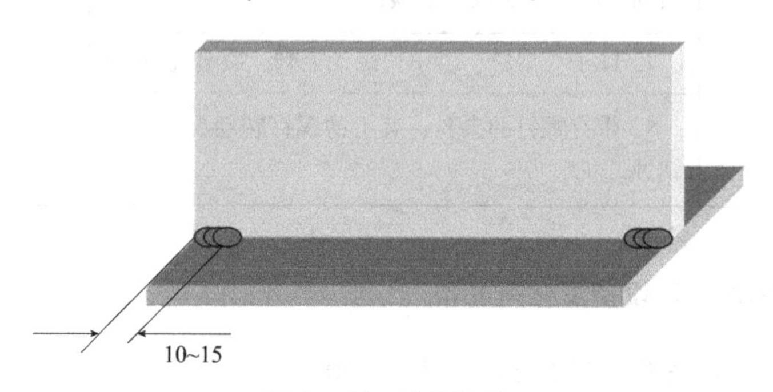

图3 -21　试件装配

知识链接

常见焊接缺陷和预防方法。

一、气孔

根据气孔产生的部位不同可分为内部气孔和外部气孔，根据分布情况不同可分为单个气孔、连续气孔和密集气孔等，如图3 -22至图3 -24所示。

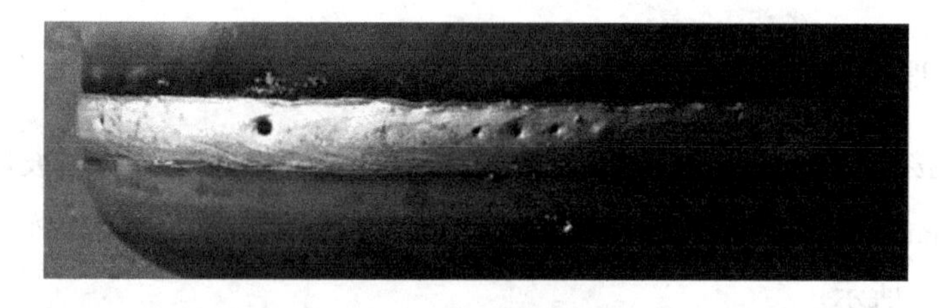

图3 -22　外部气孔

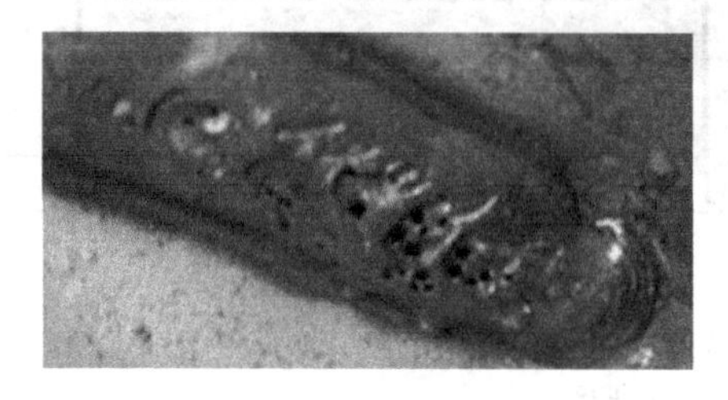

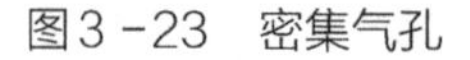

图3 -23　密集气孔

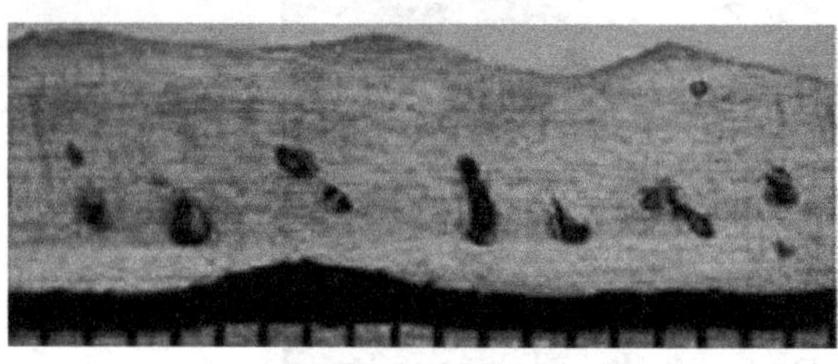

图3 -24　内部气孔

1. 气孔产生的原因

焊接过程中产生大量气体是产生气孔的原因。

(1) 焊接材料方面：焊条未按要求烘干，药皮变质、剥落，焊芯锈蚀，焊件未清理干净。

(2) 焊接工艺方面：手弧焊时，采用过大的焊接电流，造成焊条发红而保护失败；焊接电弧过长、焊接速度太快等会造成熔池保护不良而产生气孔。

2. 防止产生气孔的措施

不使用药皮剥落、偏心或焊芯锈蚀的焊条，各种类型焊条应按规定烘干，焊接坡口两侧应清理干净，选用合适的焊接电流，采用短弧焊接，若发现偏心焊条及时转动或倾斜焊条，焊条操作要熟练。

二、夹渣

残留在焊缝中的非金属夹杂物称为夹渣。

1. 夹渣产生的原因

坡口角度过小，焊接电流过小，多层多道焊时清理不干净以及焊接时运条不当或焊接时偏弧都会在焊缝中产生夹渣。

2. 防止夹渣的措施

选择合理的工艺参数，并在焊接过程中层间严格清渣，焊接时不要将电弧压得过低。当熔渣与熔化金属混合不清时，应适当将电弧拉长，并向熔渣方向移动，利用增加电弧热量和吹力使熔渣能够顺利地被吹到后边或旁边。同时，焊接过程中要始终保持熔池清晰，要将液态金属与熔渣分清，形成清亮的熔池。

夹渣的存在将降低焊缝强度，某些连续的夹渣更是危险的缺陷，裂纹常从这些地方出现。

三、咬边

沿焊趾的母材部位产生的纵向沟槽和凹陷称为咬边。咬边减少了基本金属的有效截面面积，在咬边处形成应力集中，承受载荷时有可能在咬边处首先产生裂纹，导致焊接结构破坏。

1. 咬边产生的原因

焊接电流太大，焊接速度和运条方法不当，尤其是在立、横、仰焊操作时，焊条角度操作不当或电弧太长容易造成咬边。

2. 防止产生咬边的措施

合理地选择焊接工艺参数，使焊接电流略小，适当地掌握电弧长度，正确地运条和控制焊接速度。焊条角度要正确，在立焊、仰焊位置焊接时，焊条沿焊缝中心保持均匀对称的摆动。横焊时，焊条角度应保持熔滴平稳向熔池过渡。

步骤三 确定焊接工艺参数

低碳钢板对接立位角焊工艺参数见表3－11。

表3－11 低碳钢板对接立位角焊工艺参数

焊道分布	焊接层数	焊条直径（mm）	焊接电流（A）
2 1	打底层1	3.2	110～130
	盖面层2	3.2	100～120

步骤四 焊接过程

一、根部焊

1．焊条角度

立角焊一般均采用多层焊，具体焊缝的层数，根据焊件的厚度（或图样给定的焊脚尺寸）确定。本节施焊为二层二道焊，立角焊时焊条角度，如图3－25所示。

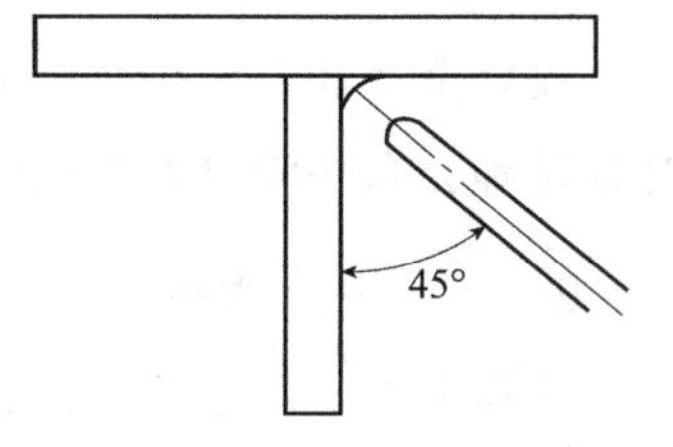

图3－25 立角焊焊条角度

2．焊条的摆动

对焊脚尺寸较小的焊缝，可采用直线运条法，并做适当的挑弧动作（短弧挑弧法）：当熔池温度升高时，立即将电弧沿焊接方向提起（电弧不熄灭），让熔化金属冷却凝固；当熔池颜色由亮变暗时，再将电弧有节奏地移到熔池上形成一个新熔池。如此不断运条就能形成一条较窄的焊缝（一般作为第一层焊缝）。当焊脚尺寸较大时，可采用月牙形、三角形、锯齿形运条法，如图3－26所示。为了避免出现咬边等缺陷，除选用合适的焊接电流外，焊条在焊缝中间运条应稍快，在两侧稍作停顿，保持每个熔池外形的下边缘平直、两侧饱满，防止试板两侧产生咬边。焊条摆动的宽度稍小于焊脚尺寸1～2 mm（考虑到熔池的熔宽），待焊缝成型后就可达到焊脚尺寸的要求。

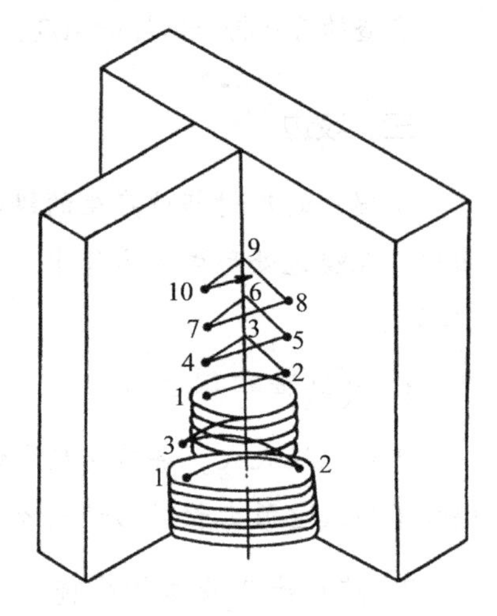

图3－26 立角焊运条方法

3. 引弧和焊接

在试件最下端引弧，稳弧后预热，试板两侧熔合形成熔池，之后熄弧，待熔池冷却至暗红色时，在熔池上方 10 ~ 15 mm 处引弧，退到原熄弧处继续施焊。如此反复几次，直到符合第一层焊道焊脚尺寸为止。之后，按三角形运条方法由下向上焊接。

4. 焊接电流

由于立角焊电弧的热量向焊件三个方向传递，散热快，所以焊接电流可稍大些，以保证焊缝两侧熔合良好。

5. 焊道接头

接头时，在弧坑上方 10 mm 处引燃电弧，回焊至弧坑处，稍增大焊条倾角，完成焊道接头后，恢复到正常角度再继续焊接。

6. 熔池金属的控制

立角焊的关键是控制熔池金属，焊条应按熔池温度状况有节奏地向上运条并左右摆动。当熔池温度过高时，熔池下边缘逐渐凸起变圆（见图 3 – 27），这时可加快焊条摆动节奏，同时让焊条在焊缝两侧停留时间多一些，直到把熔池下部边缘调整成平直形状。

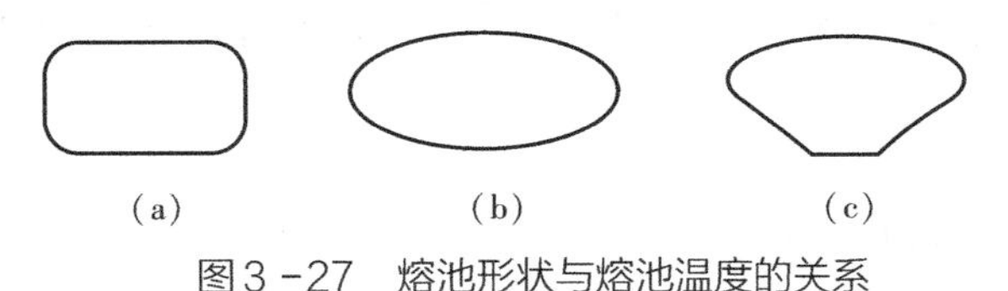

图3 –27　熔池形状与熔池温度的关系

（a）正常　（b）温度稍高　（c）温度过高

二、盖面焊

（1）盖面焊施焊前，应清除根部焊道焊渣和飞溅物，焊缝接头局部凸起处需打磨平整。

（2）在试板最下端引弧，焊条角度同根部焊，采用小间距锯齿形运条方法，横向摆动向上焊接，如图 3 – 26 立角焊运条方法所示。

（3）焊缝表面应平整，避免咬边，焊脚应对称，并符合尺寸要求。

知识链接

预防和减少焊接变形的措施。

1. 合理设计焊接构件

在保证结构有足够承载能力的情况下，尽量减少焊缝数量、焊缝长度及焊缝截面面积；要使结构中所有焊缝尽量处于对称位置。厚大件焊接时，应开两面坡口进行焊接，避免焊缝交叉或密集。尽量采用大尺寸板料及合适的型钢或冲压件代替板材拼焊，以减少焊缝数量，减少变形。

2. 采取必要的技术措施

（1）反变形法。反变形法指经过计算或凭实际经验预先判断焊后的变形大小和方向，或焊前进行装配时，将焊件安置在与焊接变形方向相反的位置，或在焊前使工件反方向变形，以抵消焊接后所发生的变形。

（2）加裕量法。加裕量法是焊前对焊件加放 0.1% ~ 0.2% 的收缩量，以补充焊后的收缩。

（3）刚性夹持法。刚性夹持法是采用夹具或点焊固定等手段约束焊接变形。此种方法能有效防止角变形和薄板结构的波浪变形。刚性夹持法只适用于塑性较好的一些焊接材料，且焊后应迅速退火处理以消除内应力，对塑性差的材料，如淬硬性较大的钢材及铸铁不能使用，否则焊后易产生裂纹。

（4）选择合理的焊接顺序和焊接规范。合理选择焊接顺序及焊接规范能大大减小变形。如构件的对称两侧都有焊缝，应该设法使两侧焊缝的收缩量互相抵消或减弱。

3. 矫正焊接变形的方法

焊接变形常采用机械方法矫正。对于由长而规则的对接焊缝引起的薄板壳结构的变形，用钢轮辗压焊缝及其两侧，可获得良好的矫正效果。利用局部加热产生压缩塑性变形使较长的焊件在冷却后收缩的火焰矫正法，具有机动性强、设备简单的优点，得到广泛采用。

| 注意事项 |

立角焊与对接立焊的操作基本相同，为掌握立角焊的操作技能，还要注意以下环节。

（1）焊接电流。在与对接立焊相同的条件下，焊接电流可稍大些，以保证焊透。

（2）焊条的位置。为了使两焊件能够均匀受热，保证熔深和提高效率，应注意焊条的位置和倾斜角度。

（3）熔化金属的控制。在施焊过程中，当引弧后出现第一个熔池时，电弧应较快地抬高。当看到熔池瞬间冷却成一个暗红点时，将电弧下降到弧坑处，并使熔滴下落时与前面熔池重叠 2/3，然后电弧再抬高，这样就能有节奏地形成立角焊缝。应注意的是，如果前一个熔池尚未冷却到一定程度就过急地下降焊条，会造成熔滴之间熔合不良。如果焊条放置的位置不正确，会使焊波脱节，影响焊缝美观和焊接质量。

步骤五　焊后检查

（1）焊缝的起头和连接处平滑过渡，无局部过高现象，收尾处弧坑填满。

（2）焊缝表面焊波均匀，无明显未熔合和咬边，其咬边深度≤0.5 mm 为合格。

（3）焊缝边缘直线度在任意 300 mm 连续焊缝长度内≤3 mm。

（4）试件表面非焊道上不应有引弧痕迹。

验收记录表 3－12。

表 3－12　验收记录

<table>
<tr><td colspan="2">项目名称</td><td colspan="3">低碳钢板对接立位角焊</td><td colspan="2">工程类别</td><td>E</td></tr>
<tr><td colspan="2">钢材型号</td><td colspan="3">Q235</td><td>材料</td><td colspan="2">E49－1</td></tr>
<tr><td colspan="2">部件规格</td><td colspan="3">200 mm×50 mm×6 mm</td><td>设备</td><td colspan="2">NBC1－300</td></tr>
<tr><td rowspan="2">检查记录</td><td>缺陷面积</td><td>咬边深度</td><td>表面度</td><td>焊缝长度</td><td colspan="2">焊接工签字</td><td>检查日期</td></tr>
<tr><td></td><td></td><td></td><td></td><td colspan="2"></td><td></td></tr>
<tr><td>检查结论</td><td colspan="3">自检确认意见：
上述焊接表面观感检查已完成，焊接表面无气孔、夹渣、裂纹、未熔合，表面质量符合要求。
班（组）长：
年　月　日</td><td colspan="4">施工作业单位复查意见：
经复查，上述焊接表面质量符合焊接质量验收要求。
二级质检员：
年　月　日</td></tr>
<tr><td colspan="8">注：本表仅作为表面质量观感检查用，如有缺陷，缺陷及处理情况应据实填写。</td></tr>
</table>

过程考核评价

低碳钢板对接立位角焊过程考核评价见表 3－13。

表 3－13　低碳钢板对接立位角焊过程考核评价表

<table>
<tr><td colspan="8">项目二　低碳钢板对接立位角焊</td></tr>
<tr><td>学员姓名</td><td colspan="2"></td><td>学号</td><td>班级</td><td></td><td>日期</td><td></td></tr>
<tr><td>项目</td><td colspan="2">考核项目</td><td>考核要求</td><td>配分</td><td>评分标准</td><td colspan="2">得分</td></tr>
<tr><td rowspan="2">知识目标</td><td colspan="2">设备连接和使用</td><td>能正确连接设备及使用工具</td><td>10</td><td>项目中的设备连接错误、工具使用错误或基本特性错误，一项扣 2 分</td><td colspan="2"></td></tr>
<tr><td colspan="2">焊接参数设置</td><td>能根据材料设置合适的焊接参数</td><td>10</td><td>参数设置不正确扣 5 分</td><td colspan="2"></td></tr>
<tr><td rowspan="14">能力目标</td><td colspan="2" rowspan="11">焊缝外观检查</td><td>正面焊缝余高 $0 \leqslant h \leqslant 3$ mm</td><td>5</td><td>超差不得分</td><td colspan="2"></td></tr>
<tr><td>背面焊缝余高 $0 \leqslant h \leqslant 2$ mm</td><td>5</td><td>超差不得分</td><td colspan="2"></td></tr>
<tr><td>正面焊缝余高差 $0 \leqslant h_1 \leqslant 2$ mm</td><td>5</td><td>超差不得分</td><td colspan="2"></td></tr>
<tr><td>正面焊缝每侧比坡口增宽 1～3 mm</td><td>5</td><td>超差不得分</td><td colspan="2"></td></tr>
<tr><td>焊缝宽度差 $0 \leqslant c_1 \leqslant 3$ mm</td><td>5</td><td>超差不得分</td><td colspan="2"></td></tr>
<tr><td>焊后角变形 $\theta \leqslant 3°$</td><td>5</td><td>超差不得分</td><td colspan="2"></td></tr>
<tr><td>咬边：深度≤0.5 mm
长度≤10 mm</td><td>5</td><td>超差不得分</td><td colspan="2"></td></tr>
<tr><td>无未焊透现象</td><td>5</td><td>出现缺陷不得分</td><td colspan="2"></td></tr>
<tr><td>错边量≤1.0 mm</td><td>3</td><td>超差不得分</td><td colspan="2"></td></tr>
<tr><td>无焊瘤、气孔</td><td>3</td><td>出现缺陷不得分</td><td colspan="2"></td></tr>
<tr><td>焊缝表面波纹均匀、成型美观</td><td>3</td><td>根据成型酌情扣分</td><td colspan="2"></td></tr>
<tr><td colspan="2" rowspan="2">弯曲试验</td><td>面弯合格</td><td>3</td><td rowspan="2">不合格不得分</td><td colspan="2" rowspan="2"></td></tr>
<tr><td>背弯合格</td><td>3</td></tr>
<tr><td colspan="2">时限</td><td>焊接必须在规定时限内完成</td><td>5</td><td>超时不得分</td><td colspan="2"></td></tr>
</table>

（续）

方法及社会能力	过程方法	1. 学会自主发现、自主探索的学习方法； 2. 学会在学习中反思、总结，调整自己的学习目标，在更高水平上获得发展	10	根据工作中反思、创新见解、自主发现、自主探索的学习方法，酌情给 5～10 分	
	社会能力	小组成员间团结、协作，共同完成工作任务，养成良好的职业素养（工位卫生、工服穿戴等）	10	1. 工作服穿戴不全扣 3 分； 2. 工位卫生情况差扣 3 分	
实训总结		你完成本次工作任务的体会：（学到哪些知识，掌握哪些技能，有哪些收获?）			
得分					

工作小结